ちくま学芸文庫

数学の影絵

吉田洋一

筑摩書房

目次

数学の影絵

林檎（りんご）の味

正月に遊びに来た男が、「鼻をつまんだままで林檎をたべると、まるで鉋屑（かんなくず）を噛むような味がする。」という話をしていった。なんでも、林檎がうまいのは、その香りと舌の上の感じとが渾然と融合したところにあるのだ、というようなことであった。

いま林檎が手に入らないので、試してもみないから、果たしてその通りかどうか請け合えない。しかし、ぜんぜんあり得ないこととも いえないし、あるいは心理学の方では、こんなことは、とっくにちゃんと研究ができているのではないか、などと思ってみたりしている。

ともかくも、仮にこの話がほんとうだとすると、林檎の「味」とは何を意味するかが問題になってくる。鉋屑を噛むような味が、その純粋の味だということにすると、少なくとも果実屋からは抗議が出るであろう。いずれにしても、わざわざ鼻をつまんで林檎をたべる人はそう大勢はいないのだから、やはりふだんわれわれの知っているうまい味がほんとうの味なのかもしれない——などと由もないことを考えているうちに、ふと、いつか友人のN君が放送をしたときのことが思い浮かんできた。

N君は元来関西に近い方の出身で、東京生まれの私などとは、だいぶアクセントが違うのであるが、言葉そのものは立派な標準語なので、長年つきあっているうちに自然と耳なれてしまって、そのころは少しもそういうことに気がつかないようになっていた。

ところが、ラジオで聞いてみると、いつもとちがって、非常に変に聞こえる。たとえば、雪というのを、あたかも着物の「裄」のように、yúki, yúki と発音するのが実に耳障りなのである。あるいは、これは私ひとりだけの感じかとも思ってみたのであったが、その後二、三日して同僚一同が会食したとき、偶然この話が出たところ、あの放送を聞いたほとんどの人は言い合わしたようにみんな私と同じ印象を受けたらしい。

これについては、そのときいろんな意見が出たが、結局、ラジオだとぜんぜん顔を見ずに聞いているので、注意が聴覚にだけ集中されて、そのために発音の特徴が格別はっきり耳にひびくのであろう、ということになった。

そうだとすると、同じ人の声でも、対談しているときと、ラジオを通して聞いているときとでは、ラジオの装置による音色の変化を度外視しても、違った声を聞いていることになる。ところで、これがどちらがほんとうの声だということになると、今度は林檎の味の場合とちがって、そう簡単にはかたづかない。

視覚を抜きにして聞いた声が純粋の声だ、という議論も一応は成立する。現に、板倉重宗のように、障子を立て切ったうえでないと、罪人のほんとうの声が聞けない、といったような人もないではないのである。

しかし、一方からいえば、人の話というものは、元来その顔を見ながら聞くはずのものだから、ラジオを通して聞く声はほんとうの声ではない、といえるような気もする。

こんなつまらないことを、あとから来た年賀の客に話したら、一人が、「それなら、盲人の場合はどうなるのだ。」と言いだしたので、また、やはり耳だけで聞くラジオの声がほんとうの声かな、と思い直した。すると、もう一人が、「しかし、少なくとも、相手が美人の場合には、どうしても顔を見ながら聞く声の方がほんとうの声のようだね。」とまぜかえしたので、また考えがぐらぐらしてきた。

読者諸賢は、どちらにくみせられるであろうか。どうでもよいような問題ながら、これについての考え方で、その人の万事につけての考え方が推し量られるのではないか、ちょっとそんな気もするのである。

（一九四二年三月）

暑さずれ・寒さずれ

北海道から東京へ引き移ってきたら、この夏は、みんなから「どうです。暑いでしょう。暑いでしょう。」と言われた。

生まれてから青年期をすぎるころまでずっと東京に育ったわたしも、その後二十年もの長い間、北海道で涼しい夏をすごしてきたので、東京の夏がどんなものか、もうすっかり見当がつかなくなっていた。そんなわけで、病身でもあるし、東京の夏の暑さは、実のところ引っ越しの前から少なからず気がかりになっていた。

ところが、いざ夏になってみると、思いのほかに暑くない。「今年はいつもより涼しいようですな。」と言う人があるかと思うと、「この暑さは特別だよ。今年のような暑さは東京でもそうめったにあるものじゃない。」と言う人もあり、人によって意見がまちまちで、どれがほんとうなのか帰り新参の身には判定がつきかねたが、ともかくもわたしには、そう暑いとは感じられなかった。

わたしの病身をあわれんで、せっかく、「暑いでしょう。」といたわってくれるのに、いつもいつも、「いえ、それほどでも。」とむげに答えるのも気がひけて、ときには、「ええ、暑くて弱りますなあ。」ぐらいのところは、言ってみたりしたものの、実のところは、北海道の夏とそう変わりはしない――とそんな気さえするくらいであった。

親しい人には、いまいったようなことをありのままに答えたが、すると、きまって「まさか。」と言って一笑に付された。また、実際、気温や何かをしらべてみればすぐわかることで、札幌と東京とで暑さが同じなどというばかげたことはないはずなのだが、さて、そういう理屈をこねてみたところで、事実、そう暑さを感じないものを、むりやり「暑い、暑い。」と思おうといくら努めてみたって、どうにもなるものではない。

われながら少しおかしな気がしないでもなかったが、実は、はじめて北海道にわたって札幌に住みついたときにも、これと同じような経験をしたおぼえがあるのである。ただし北海道のことだから、これは「寒さ」の問題で、「暑さ」の問題でないところだけがちがっていた。

わたしが札幌ですごしたはじめての冬は、たいへん雪が多かった。まだ一月のはじめというのに、庭につもった雪の上に屋根から落ちた雪がつみかさなって軒端までとどく高さになり、昼間でも家の中がうす暗くなってしまった。

「今年はめずらしく雪が多い。それにこの寒さは十幾年ぶりだ。」と土地の人は語り、会う人会う人みんなが「はじめての冬がこんなに寒くてさぞおつらいでしょう。来年になればお慣れになりますし、それにこんなきびしい冬はそうめったにないのですから。」と言ってわたしをはげましてくれたものであった。

ところが、当のわたしは、少しも寒いとは感じなかった。夜は特に寒いときまっているのに、なんとも思わず平気で外出したりした。玄関をあけて人をおとなうと、その家の主婦が挨拶もあとまわしにして、なにはさておき、まず、帽子や外套の肩のあたりにつもった粉雪をブラシでさらさらと掃きおとしてくれる。そういうもてなしぶりのものめずらしさ、気安さを楽しんでよく夜の雪をついて人を訪問したものであった。

それが、その次の冬になるとすっかり寒さにまいってしまった。今度は、「今年の冬は例年になくあたたかい。」と土地の人は言うのであるが、朝夕の出勤退出のときの寒さは身にこたえた。夜の外出など思いもよらない――というほどでもないが、さきの年の冬とちがって、出かけるのがすっかりおっくうになってしまった。

これは、なにもわたしだけにかぎったことではなく、同じころに札幌に赴任した同僚たちも、だいたい同じような経験をしたらしい。あるとき、このことが話題になって「どうも少し変だね。はじめの冬のときは、うんと寒いぞと覚悟をきめて来たので、かえってこのくらいならなんでもないという気持ちになったのかしら。」とだれかが言ったら、やはり同僚のひとりのN君がこんなことを言いだした――。

N君がロンドンにいたころ、同じ研究室で実験をやっていた仲間のなかにひとりのインド人がいた。ある日の午後、お茶のときにイギリス人がそのインド人に向かって「ロンドンの冬は寒くて困るだろう。」ときいたところ、インド人は「少しも寒くなんかない。」と答えた。常夏のインドから来たばかりなのに寒くないことがあるものか、負け惜しみだろう、とだれしも考えたらしいが、そのときN君が一言警句を吐いたら、みんな「なるほど。」と言って納得した、というのである。

「ほほう、英語で警句をやったのかい。」と言うと、「なに、インド人に向かって、ただ"You don't know how to feel cold"と言ってみただけのことさ。ぼくたちも、去年の冬は、このインド人と同じで、いわば、まだ寒さずれをしていなかったのだよ。覚悟の問題じゃないだろう。」というのがN君の答えであった。

「覚悟」をもととする心理的な説明とN君の感覚未熟説とどっちがほんとうなのか、それはわたしにはわからない。ことによると、両方ともほんとうなのでもあろうか。

いずれにもせよ、わたしは今から来年の夏をおそれている。「覚悟」はだらしなくほどけてしまったし、「感覚」の方にしても今年の夏で十分訓練を受けて「暑さを感ずる術」

もどうやらおぼえてしまったろうと思われるからである。

（一九四九年一二月）

詩人と数学者

一

編集者X氏へ……

「数学者気質」という題で何か書け、という再度のお手紙まさに拝見いたしました。

実をいうと、お手紙を前にして、私は少なからず当惑しております。ご承知のように、私はかなり多くの数学者を知人としてもっておりますが、見渡したところ、そういう人たちの間に、特別な「気質」といったものが認められないのです。

もっとも、私自身数学者のはしくれなので、ちょうど人が自分自身の体臭を感ぜられないように、同じ仲間の人たちの特徴を嗅ぎわけられないのかもしれません。もし、そうだとすると、ご依頼のようなことを書くには、私などよりもむしろ数学者以外の人の方が適当だ、ということになりそうです。

実は、こういってお断わりしようかと思ったのですが、たびたびのお手紙のことですし、ご希望通りにはいかないまでも、何か書いてみましょう。

とはいっても、ただ与えられた題目を眺めているうちに、自然と浮かび出てきたことを取り止めもなく書き並べてみるだけのことで、はじめから腹案も何もなしでとりかかるのですから、あるいは本題を遠く飛び離れたものになるかもしれません。その点はあらかじめご了承を願っておきたいと存じます。

二

今朝ほど、お手紙を拝見したあとで新聞を読んでおりましたら、続きものの小説の中に次のような一節のあるのにいき当たりました。

この詩人については二つの不思議がある。一つは貧乏しているのに、なぜああ肥ってばかりいるのであろう？　もう一つは、あんなに肥っている身体のどこからあんなに細々とした感傷が流れ出るのであろう？　そういうふうに不思議がる人は、要するに詩人というものは肥ってはならぬという迷信から一歩も出ていないのである。

私は、これを読みながら、思わずニヤリとしないではいられませんでした。あなたのお手紙によるご依頼と思い合わせたのです。

世間では、詩人といえば、すぐ、眉目の秀でた白皙瘦軀(はくせきそうく)の青年を想像します。こういう詩人は、また、しじゅう天翔(あまかけ)る詩想を胸に抱いて、汚濁に充ちたこの世のことなど振り向いてもみないような人でなければなりません。

ところが、この小説に出てくる詩人は、単に肥っているばかりか、およそ世間知らずとは正反対の存在のようです。胸には、いま雑誌社からもらってきたばかりの原稿料を大切にしまいこんでいますし、電車の中で出会った美しい従妹に対しては、夕飯をおごろうの、女は早く嫁にいって子を産んだ方がよいの、とあられもないことばかり話しかけている始末です。こういう点でも、とうてい詩人に対する世間の「迷信」には当てはまりそうにもありません。

数学者についても、世間にはある種の「迷信」があるようです。詩人とはちがいますが、そして身体が肥っているか否かはあまり問題にはならないようですが、しかし、世間知らずの変人という点では、この迷信はやはり詩人の場合と共通点をもっているようです。あなたが、数学者気質について何か書け、と言われるのも、おおかた、こういう迷信にぴったり当てはまるような数学者の逸話でも書け、というようなお心づもりではないでしょうか。

ここまでいってしまうと、新聞小説を読みながら私が思わずニヤリとしたわけが、もう、おわかりになったことと存じます。

数学者について、こういうような迷信が行なわれているのは、なにもわが国ばかりに限ったわけではありません。

三

太平洋戦争の勃発する数年前に、アメリカで数学者の列伝を書いた本が出版されましたが、その本の緒説を読みますと、あちらでも、数学者は常識の完全に欠如した夢想家、というふうに考えられているようです。さらに、この緒説の中に「この列伝を読めば、数学者も他のいかなる人にも劣らず人間的であり得ることがわかるであろう。」というようなことが書いてあるのですが、なるほど、本文の列伝を読んでみますと、たとえば、フランスの大数学者アンリ・ポアンカレは交響楽を聞くのが好きであった、というようなことを特筆したりして、数学者の人間味をおおいに強調しています。

ずいぶんいらざるところに力を入れたものだと思うのですが、数学者である著者にしてみれば、同じ仲間の数学者が世間から「不当」に変人扱いを受けているのを見るのは、よほど心外なのでしょう。

お断わりしておきますが、私も数学者のはしくれではありますけれど、私自身は、こういう世間の「迷信」をけっして心外などとは思っておりません。「迷信」とはいいながら、詩人という世にも崇高な天職をもった人たちを道づれにしているのですから、数学者たるものは、むしろこれを光栄と考えてしかるべきようにさえ思われるのです。それにだいたい世間というものは、なんにでも型(タイプ)をつくるのが好きなものなので、詩人や数学者の場合もその一例にすぎないのですから、腹を立てる方がよっぽどばかばかしい気さえいたします。数学者自身にしてからが、一般の世人と同じように、他の職業の人に対して、似たような迷信を抱いていないと誰が言い切れるでしょうか。

四

こんなことばかり書いていると、どうもあなたから何か言われそうですね。あなたのことですから、反動的に、自分はなにも数学者を変わりものだと思ってはいない、世間もそう思ってはいない、と開き直ってこられはしないか、と心配になってきました。そう言われないうちに、数学者についての「迷信」の実例を少しお目にかけた方が得策のようです。

私の知人に、ひどく身仕舞いのいい数学者があります。いつも髪をきれいに分けて、身にぴったりと合った洋服を着ている常識円満な紳士なのですが、あるときたのまれて生面(せいめん)

の一人の青年のためにその人にあてて紹介状を書いたことがありました。私は、さぞ好感を抱いてその青年が帰って来たことと期待していたのですが、案に相違して、青年からの手紙には「風采と態度とに幻滅を感じた。」と書いてきました。おそらく、数学者は蓬頭（ほうとう）乱髪で、しじゅう額に八の字でもよせている非常識な人間でもなければならないというふうに考えているのでしょう。

いまのはまだ物心もつかない青年の話ですが、今度は、世間の裏表を知りつくしているはずの小説家が数学者をどう扱っているか、これを考えてみましょう。

まず手近なところから、漱石の『坊っちゃん』をとってごらんなさい。この小説の主人公は、ご承知のように、中学校の数学の先生です。竹を割ったような気性で、だれにでも好感をもたれる人物ですが、さて、こういう人物に実際接触したとしたら、世間の人はなんといって批評するでしょうか。赤シャツならずとも、やはり世間を知らない変わりものだ、と一応判断することだろうと思います。

実際、この小説も坊っちゃんが数学の先生だからいいので、反対に赤シャツが数学の先生で坊っちゃんが英語の先生だった場合を想像してごらんなさい。だいぶ感じがちがってきはしませんか。ここでも、やはり例の迷信が大いにものをいっている、ということができるでしょう。

それでも、まだこの小説では、数学の先生は作者からともかくも優遇されています。いいかえれば、いい意味での変わりもの扱いを受けております。いつもそうなら文句はないのですが、なかなかそうばかりはまいりません。

五

泉鏡花の書いた小説に『なゝもと桜』というのがあるのですが、ご存知でしょうか。明治三十年の作といいますから、ずいぶん古いもので、鏡花のものとしてもおそらく初期に属するものなのでしょう。

この小説は、誰をその主人公といっていいのか、ちょっと見当のつかないところがあるのですが、そのなかでともかくも主要な役割をつとめる一人に岸田資吉という人物がおります。

資吉は、年が二十九で肺を病んでいるのですが、この「咽喉仏の突起した頤(おとがい)のこけた」男は、「鼠の竪縞の糊沢山でバリバリした単衣」を着て、清川家の座敷に座りこんでおります。清川家というのは、未亡人と妙齢の令嬢とそれに女中と、三人暮らしの女世帯で、資吉は、ふとしたことからこの一家と近づきになって、毎日のように入り浸っているのです。

一度や二度はいいとしても、こういう変な男がしじゅう出入りするようでは、清川家としても、ほうってはおけません。たまりかねて、未亡人が「アレも縁前でもございますので、ツイ世間の口と申しますものは、わけもわからないで、何かいいたがるものですから。」と遠回しに出入りを断わろうとするのですが、いっこうにききめがありません。資吉は「何、なんとでもいわしておくのです。そんなことかまわぬがよいのであります。」と答えて、すましているのです。

もっとも、これはあながち資吉が鈍感なせいばかりではないので、実はこの男は、清川家の令嬢清子にひそかに思いをよせているのでした。資吉の家は、以前は相当の農家だったのですが、父の死後、叔父に財産を奪われ、またかつて貰った女房には逃げられるという敗残の身で、いまは見る影もなく叔父の家に寄食して病を養っている、というのですから、とうてい清川家のような良家の令嬢と釣り合おうはずはありません。資吉もそれは承知していながらも、どうしても諦め切れないものと見えてしつこくからみつきます。あげくのはてに、とうとう正面から結婚を申し込むところまでいってしまいました。

清川家が当惑したことは申すまでもありません。まともに断わったりすると、どんなことをしでかすかわからないという心配もあって、ある人の入れ知恵で、「亡くなった清子の父親から、しっかりした返事をきいて下さい。」と言って追い返すことにしました。資吉は、「そうか。」と言って帰って行ったので、清川家では、ひとまず安心と思っていると、なかなかそれくらいのことで思い切る資吉ではありません。

その日から、資吉は、清川家の墓所に座り込んで、炎天の下幾日も幾日も身動きもしないで頑張っています。「墓から返事をきくのだ。」というのですが、どうもなんという執念深さでしょう。「世の中にしつっこいものといったら、蛇と蛸と、こうもりと、蝦蟇と、それから癆がい病み」というのが、清川家の女中の言葉ですが、「まったくでございますよ。」と言うべきところかもしれません。

「なゝもと桜」の筋の一半はだいたいこのくらいのところですが、なんと、この肺病やみの資吉が数学の先生なのです。

かつて女学校で教えていたことがあるのだそうで、清子は実はその当時の教え子の一人だったということになっております。よほど数学ができるらしく、「二次方程式の解法を発明した」ことがあるのだそうですが、この「数学家」にとって遺憾なことには「何もこんなことは資吉を煩わすまではなく、なんとかいう原書には明らかにその解式が出ているそう」で、せっかく資吉がこの解法を雑誌「少年世界」に投書したのも没書になってしまったということであります。

鏡花の小説にはよくモデルがあると言われていますが、この資吉などにもあったのでしょうか。それは、ともかくとして、鏡花の意図がなんであったにせよ、この小説で「数学家」が思い切っていやらしい変わりものとして描かれていることは、ご自分でお読みになってみると、さらによくおわかりになるだろうと存じます。

六

今度は少し目先を変えて『ガリヴァー旅行記』をのぞいてみましょう。

どういうわけか、ガリヴァー旅行記には、数学に関することがたびたび出てまいります。たとえば、小人島の住民はみんなすぐれた数学者であり、また大人島では国王が特に数学に造詣が深いことになっているなど、あるいは作者スウィフトは特に数学ないし数学者に対して興味——あるいは悪意——をもっていたのではないかと思わせる節があります。

実は、ガリヴァー旅行記は人に貸してしまって、いま手許にないのですが、たしか、小人島、大人島の次に、三度目の航海でガリヴァーの漂着したラピュータという土地の話にも、数学についての記事があったように覚えております。ラピュータというのは、空中にふわりふわりと浮かんでいる島みたいな国だというのですが、ここの住民は、だれもかれもみんな数学の研究に熱中している、と書いてあったような気がするのです。

ところで、この数学の好きなラピュータ人には妙な癖があります。それは、ともすれば物思いにふける――といっては誤解されるおそれがありますが、時もかまわず所も嫌わず、突然沈思黙考に陥るという厄介な癖なのです。人と対談しているときでもおかまいなしで、大切な要談の途中で何か別のことを考え込んでしまうのです。そうなると、相手の言葉はもちろん耳に入りません。そればかりか、自分自身口を動かすことも忘れてしまいます。（私の小さい時分、知り合いの家の老人に、なにかの病気で、人と話をしながら、すぐに居眠りをはじめて涎をたらす人がおりましたが、私はこの人を見るたびによくラピュータ人を思い出したものでした。）

こういう悪い癖があるために用が弁じなくなり、いろいろと不都合が起こることは申すまでもありません。そこで、身分のよいラピュータ人は、どこへ行くにも、従者を一人従えて、従者には竿の先に膀胱をぶらさげたものをもたせておきます。

こんなものをどうするのか、というと、なにか肝心なときに、例の沈思黙考をはじめると、従者はこの膀胱で、主人の耳や口をいやというほどどやしつけるのです。すると、主人もハッと気がつく、それでようやく用が弁ずるというわけです。それなら、主人が沈思黙考しているときに、従者も同時に沈思黙考してしまったらどうなるか、これは当然起こってくる疑問ですが、これについては旅行記になんと書いてあったか、私はよく覚えておりません。

このラピュータの話は、当時の英国の空理空論にふける輩を諷刺したもので、なにも直接数学者に当たっているわけではないのかもしれませんが、結局、数学が好きなような手合いはみんなどうかしている、という意味にもとれないことはありません。これは、私ひとりのひがみでしょうか。

七

くだらないことを書き並べているうちに、だいぶご指定の枚数に近づいてまいりました。もう一つ、今度はエドガー・アラン・ポーを引き合いに出して、それでおしまいにいたしましょう。

ポーは探偵小説をいくつか書いておりますが、その中に『盗まれた手紙』というのがあることは、たぶんご存知だろうと思います。いま、念のために、簡単に荒筋を書いてみますと、

フランスのある高貴な女性が大臣の一人に大切な手紙を盗まれてしまう。この手紙が暴露されるとたいへんなことになるので、命によりパリの警視総監は懸命になってこれを取り返そうとする。ところが、大臣の留守をねらって家探しまでするけれども、どこに隠したかどうしても見つからない。困りぬいて、とうとう素人探偵（？）デュ

パンにたのむと、デュパンは難なくこれを取り返してくる。問題の手紙は、状差しの中に何気なく投げこんであった。

ということになります。これは、なかなか面白い小説ですから、もしまだお読みになってないなら、ぜひ一度はご覧になることをおすすめいたします。

さて、私にとっていちばんおもしろいのは、たのみに来た警視総監が帰った後でデュパンとその友人とがとりかわす問答のところなのですが、これを少し抄訳してみましょう。

「大臣はたしか微分学についての立派な著述があったと思うんだがね。ありゃ数学者で、詩人なんかじゃないよ。」

「そりゃ、ちがうよ。詩人でもあり、また数学者でもあるのさ。それだから、うまく筋が立てられるんで、ただの数学者だったら、あの総監にしてやられてしまうにきまってるぜ。」

デュパンは、こう答えて、まだ問答が続くのですが、長くなるのでこのへんでやめておきましょう。詳しくは原著を読んでいただくほかはありません。ともかく、ここでも、数学者は、小説家の手にかかると、さんざんだということだけはおわかりのことと思います。

さあ、これでおしまいです。尻切れとんぼで、ずいぶんとまとまらない原稿ですが、これは最初からお断わりしておいたのですからやむを得ません。もっとも、強いてこじつければ、最初に詩人の話からはじまって、最後にまた詩人が出てくるところが首尾一貫してるのだ、ということになりますが、こういうのを負け惜しみというのでしょう。
ともかく、はなはだご希望にそわない原稿でその点は幾重にも残念に存じます。ではご健勝を！

（一九四三年一月）

トロヤ人口調査
――年少の人たちのために――

＊

みなさんはホメロスという人の名を聞いたことがないでしょうか。ホメロスというよりもあるいは英語流にホーマーといった方が通りがいいかもしれません。いずれにしても、この人は古代ギリシャ――紀元前九世紀か十世紀ごろ――の詩人で、「イリアス」および「オデュッセイア」という二つの長い叙事詩を書いた人として世によく知られております。もっとも、これはいい伝えであって、実は、この二つの詩篇はホメロスが一人で書いたものではなく、大ぜいの人の手によって長い年月の間に編まれ集められたものらしいという説が有力のようです。学者はこういうことについていろいろと研究したり議論したりしていますが、わたしはそれについて詳しいことは知りませんし、また、それはここでお話ししようとすることには直接関係がありません。

ともかくも、イリアスとオデュッセイアとは今日までも古典として残っていて、いろいろの国語に翻訳され、世界中の大ぜいの人に読まれております。日本語にも訳されているそうですから、みなさんも、いつか折があったら読んでごらんなさい。たいへんおもしろいものです。(短い少年向きの物語になおしたものも世に行なわれているようですから、なかには、それを読んで話をもう知っておいでの人もあるかもしれません。)イリアスは、ギリシャの軍勢がトロヤという小アジアの都市を包囲して十年かかってようやく攻めおとすときの挿話を物語る叙事詩、またオデュッセイアはギリシャ軍の一方の将であったオデュッセウスという王様が、戦い果てて国へ帰る途中、海神ポセイドンの怒りにふれて十年間も地中海を漂流する顚末（てんまつ）を物語る叙事詩――イリアスの方は戦争の話が多くて読んでいて少々うんざりするところがありますが、オデュッセイアの方はなんべんくり返して読んでも飽きないたいへん楽しい物語です。

さて、わたしはここでイリアスやオデュッセイアのあらましをみなさんにお話ししようというのではありません。この二つの物語のなかから、数学に関係ある事柄を一つ二つ拾い出して、それについて少しばかりお話をしてみたらどうかと思うのです。せっかく美しい文学作品を読みながらこんなことを企てるのは、いささか宝の山に入りながら瓦のかけらだけを拾って帰ってくるのに似たようなきらいがありますが、あながちそう無意味なこととばかりも言い切れないような気がするのです。現に、イギリスの物理学者でホオトンという人は、オデュッセイアの一節を材料にして堂々たる（？）学術論文を書いています。この論文の出たのは十九世紀の半ばすぎごろですが、これがまわりまわって、夏目漱石の小説「我輩は猫である」のなかに「首くくりの力学」のくだりとして現われていることを、どこかで日本の物理学者中谷宇吉郎さんが紹介していたように記憶しています。こんなすばらしい先例があるのですから、わたしがイリアスやオデュッセイアを数学の話をする材料に使ったところで、少なくともホメロスを冒瀆することにはならないでしょう。

思わず前置きが長くなってしまいました。このへんで話の本筋に入ることにいたしましょう。

＊

ギリシャ軍は九年の間トロヤを包囲して攻めたてましたが、籠城軍の守備がかたく、どうしても攻めおとすことができません。攻めあぐんだギリシャ軍の総大将アガメムノンは部下の将兵たちを集め、会議を開いて相談をすることになりました。その会議の席上アガメムノンは、

「ギリシャ人の大軍が自分たちより数の少ない敵と戦って、ついに勝つことができない

でいる。こんなことでは子孫の代まで恥になる」

と言って嘆くのですが、そのあとで、ギリシャ軍がトロヤ軍よりも数においていかに優勢であるかをだいたい次のような言葉でいい表わしております。

「ギリシャ人を十人ずつ一組にして組分けをしておいて、その一組一組に酌人としてトロヤ人を一人ずつ振り当てることにしてみよう。そうすると、酌人のない組がきっとたくさんできるにちがいない。」

それは、何をいっているつもりなのでしょうか。いうまでもなく、ギリシャ人の数がトロヤ人の数の十倍よりもずっと多いという意味であることはすぐおわかりのことと思います。蛇足とは思いますが、少し説明を加えておきましょうか——

ギリシャ人が一か所に集まって宴会を開いて、十人ずつが一つのテーブルについているものとしてみましょう。一つの大都市を攻めおとそうとするくらいの大軍のことですからその人数は何千人か何万人かいずれにしてもずいぶん大きな数でしょうし、したがって、テーブルの数が途方もなく多いたいへんな宴会であります。いま、この宴会の酌人としてトロヤ人をたのんできて各テーブルを一人ずつで受けもってもらうことにします。このとき、どのテーブルにも酌人がもれなくいきわたり、また一人もあぶれたトロヤ人がいなかったとしたら、どうでしょうか。こういう場合だったら、ギリシャ人の数はトロヤ人の数のちょうど十倍だといっても差し支えないことは明らかでしょう。ところで、アガメムノンのいうところによれば、酌人が足らないということです——酌人のついていないテーブルがたくさんあるだろうというのです。そうとすれば、酌人のついているテーブルに座っているギリシャ人だけで、すでにトロヤ人の数のちょうど十倍になるのですから、全体としてみれば、ギリシャ人の数がトロヤ人の数の十倍よりもずっと多いことは間違いないといっていいことになります。

ただ十倍よりも多いということだけのために、アガメムノンもずいぶんもってまわった変な言い方をしたものですが、考え直してみると、こういう言い方もあるいは意味があるのかもしれません。見わたすこともできないほどの大ぜいの人が集まってもよおす大宴会、そこには酌人のついているテーブルもあるが、また酌人のいないテーブルもたくさんあって、そういうテーブルではみんな手酌で酒を飲んでいる、酌人のすがたはちらりほらりとしか見えない——そういうさかんな光景を思い浮かべてみると、ギリシャ人の方がトロヤ人よりもいかに優勢であるかがまざまざと目に見えるような気もしてこようというものです。ただ一口に「ギリシャ人の人数はトロヤ人の人数の十倍よりもずっと多い」と抽象的にいうのとはだいぶ感じがちがうでしょう。イリアスはただの戦況報告書とはちがって、もともと詩なのですから、こういう具体的な表現のしかたをするのが本当なのだ、とでもいうべきなのでしょうか。

*

ところで、いままでアガメムノンの言葉をもととして、トロヤ人の数とかギリシャ人の数とかについていろいろ云々してまいりましたが、よく考え直してみると、あのトロヤ戦役のとき、いったい何万人のギリシャ人がこの攻略に参加していたのか、またトロヤ人が何万人その生まれ故郷を守ろうとして奮戦したのか、その実際の数はわたしどもにはとんとわかっていないのでした。実際の数は知っていないくせに、ギリシャ人の数はトロヤ人の数の十倍よりも多いといったのですが、このことに間違いのないことはさきほどの説明でよくおわかりのことと思います。アガメムノンの言葉を信用する以上どうしたってこういう結論を引き出してこないわけにはまいりません。実際の数がいくつであるかも知らないままに「一方が他方の十倍よりも多い」というようなかなりはっきりした結論が得られる――これはちょっと考えると異様なことのように感じられないでしょうか。

学校で教わる算数の問題ですと、まず、ギリシャ人の数は何万人、トロヤ人の数は何万人というふうに、最初に実際に数えておいて、そのうえでギリシャ人の数はトロヤ人の数の十倍よりも多いか少ないか、というような形になっているのが普通でしょう。こういう問題ならば、ギリシャ人の数をトロヤ人の数で割ってみれば、すぐ答が出てまいります。つまり、計算を使って問題の答を出すことができるというわけです。ところが、イリアスに書いてあるアガメムノンの言葉から人数の比較についての答を出すのには計算を使うことができません。もともと計算の材料となるべき実際の数がわかっていないのですから、いくら計算の名人でも手のほどこしようがないのです。しかも、さきほどのような考え方をしてみれば、ギリシャ人の数がトロヤ人の数の十倍よりも多いことは、実際の数をあらかじめ知っていた場合と同様に、まぎれもなく正しい答として断言することができるのです。さきに異様な感じがするといったのはこういうところからくるのでしょう。

しかし、ひるがえって、ここで「数」という言葉の意味をよく考えてみれば、これは不思議なことでもなんでもありません。以下しばらく「数とは何か」という問題を考えてみることにしましょう。

＊

ギリシャ人の数とトロヤ人の数とを比較する問題そのままでは話が少しこみいってきますので、問題をトロヤ人の数とテーブルの数との比較の問題につくりなおして考えてみましょう――

話はもとのギリシャ人の大宴会へもどります。やはりトロヤ人にたのんで酌人になって各テーブルを一人ずつ受け持ってもらうのですが、このとき、もしどのテーブルにも酌人が一人ずつもれなく振りあてられ、しかも仕事にあぶれたトロヤ人が一人もいないということであったら、どういうことになるでしょうか。いうまでもなく、トロヤ人の数とテーブルの数とは同じです。次に、酌人のついていないテーブルがあったら、トロヤ人の数はテーブルの数よりも少ない、また、酌人があまったら、トロヤ人の数はテーブルの数よりも多い——こんなことは、くどくどといわなくとも、みなさん、すぐおわかりのことと思います。

しかし、ここで第一番目の場合、いいかえれば、どのテーブルにもトロヤ人が一人ついていて、またどのトロヤ人にも受け持ちのテーブルが一つあるという場合に、トロヤ人の数がテーブルの数と同じだというのはどうしてなのか——こういってその理由をきかれたら、みなさんはなんといって説明しますか。よくわかっていることなのだが、そういって問いつめられるとうまく答えられない——そんなところではないでしょうか。

もう一つ別の例をとって考えてみましょう。日本中の夫の数と妻の数とを比較してみようというのです。日本は一夫一妻制の国ですから、一人の夫があればその妻が一人、また一人の妻があればその夫が一人というふうになっています。してみれば日本中の夫の数と妻の数とは同じでなければならない——だれしもそう思うでしょうし、また実際そうなのですが、どうしてその数が同じなのかときかれたとき、みなさんははっきりと説明を与えることができるでしょうか。

実をいえば、こういったことをきくのは、問題の出し方がもともと無理なのです。なんでもないことをわざわざ面倒くさくし問題の形にして、ひとに問いかけてみるとでも申しましょうか。種を明かせばごくつまらないことにすぎません。少し数学の言葉を使って説明をいたしましょう。

トロヤ人一人にはその受け持ちのテーブルが一つ、一つのテーブルにはそれを受け持っているトロヤ人が一人というふうになっているとき、数学者はトロヤ人全体とその宴会に備えられたテーブル全体との間に「一対一の対応」がつけられているという言葉を使うことになっております。この言葉を使えば、日本中の夫全体と妻全体との間にも一対一の対応がつけられているということになりましょう。こうしてみると、「ここに二種類のものの集団があって、その間に一対一の対応がつけられるときは、その二種類のものの数は必ず同じだ」ということがわかっていれば、さきほど出しておいた問題にもおのずから説明が与えられるわけです。しかし、どうでしょう、なんだか変に聞こえはしませんか。数というのは、もともと、一対一の対応がつけられるような集団が二種類あったとき、これらの二種類の集団が何か共通の性質をもっていると考えて、その共通の性質にわたしどもが与えた名前のようなものではないでしょうか。

たとえば、ここにリンゴがいくつかあったとしてみます。指を折りながら一つ二つとリンゴを数えていって、ちょうど片手の指をみんな折り曲げたときにリンゴがおしまいになったとしてみましょう。このとき、わたしたちはリンゴの数は五つだと申しますが、これはどういう意味なのでしょうか。これは、そこにあるリンゴ全体、いいかえればリンゴの集団とわたしの片手の指の集団との間に一対一の対応がつけられたので、リンゴの集団と指の集団とがある共通な性質をもっている、その性質を「五つ」という名前でよぼう――そういうことではないでしょうか。

五つという小さい数ばかりにはかぎりません。何万何億というような大きな数でもその正体をつきとめてみれば、いまいったのと同じことになってしまいます。もうここまできてしまえば、さきほど疑問として述べておいたことはわざわざ説明を与えるまでもないつまらないことになってしまったわけです。

＊

さて、数というものの正体がいまいったようなものだとしますと、ものの数を比較するときには、計算を使うよりも、できるなら一対一の対応というようなものを使う方が、かえって手っ取り早くわかりやすいはずだといっていえないことはないでしょう。ことに、小さい数の場合ならば計算はなんでもありませんが、何万何億というような大きい数になるとずいぶん面倒です。それから、また、そういう大きい数ですと、一方は何万、一方は何万というように数字をあげたところで、理屈のうえでは、一方が他方よりも数が多いことがわかっても、感じのうえではなんだかピンとこないうらみがあります。

わたしは、ホメロスの時代のような古いころには、まだ、人は何万とか何十万とかいう数にはあまり慣れてないので、ギリシャ軍は何十万人、トロヤ軍は何万人、だからギリシャ軍の方が十倍以上もあるといったのでは、ギリシャ軍がどんなに優勢かということがあたまにはっきり映らなかったのではないかと思っています。大きな数を扱う場合には、だから、いつもアガメムノンのように具体的なたとえのような言い方をする――そういう習慣になっていたように思えるのです。紀元前五世紀というとホメロスの時代より数百年もあとのことですが、そのころでもギリシャの数学ではせいぜいのところ一億ぐらいまでしか表わせなかったということを考え合わせるとなおさらそういう気がしてこないわけにはまいりません。アガメムノンのまわりくどい言い方も、ことによると、詩的表現の要求からきたというよりも実際的要求からきたのかもしれません。

＊

もう予定の紙数も超過してしまったので、わたしのお話もこのへんで打ち切りにいたしましょう。結局つまらないお話をお聞かせしただけのことに終わったようですが、また一方、いま申しましたようなことを考えてみれば、ホメロスの叙事詩のような美しい作品のなかから無味乾燥な数学の話の材料をとり出してみるという企てもそう無意味でないことが実証できたといっても悪くないような気がいたします。つまり、ああいう古い時代に大きな数を扱うのにどういう扱い方をしたかを推測できたという結果が得られたのですから、古典を冒瀆（?）する罪もこれで少しはつぐない得るというものではないでしょうか。

（一九五一年一〇月）

科学と呪術

ある日、省線電車の中で真新しい高等工業の制帽をかぶった青年と向かい合いになった。会社員らしいのと連れだっていたが、聞くともなく聞いていると、その青年が「これからも数学だけは大いに勉強するよ。なにしろ、この電車にしろ電気機関車にしろ、みんなビ・ブ・ン・セ・キ・ブ・ン・ガ・クの力で動いているのだからな。」と気負って語っているのが耳に入ってきた。

青年のこの言葉も、ことによると、たとえば「飛行機が発達したために地球が小さくなった。」といった類のいわゆる気のきいた言葉遣いの一つであったのかもしれない。微分積分学を習わなければ電気学はわからない、電気学を知らなければ電車はできない、とすれば、こういう言い方もあながち不当ともいえないのでもあろう。

ただ、私はこの言葉を聞くと、すぐに何か古めかしい呪術めいた匂いをその中に感じないではいられなかった。小さいころ、珠算の名手が秘法を用いて算盤珠（そろばんだま）をはじくと、どんな蔵の錠前でも立ちどころにはずれてしまう、という話を聞かされたことを思い出したのである。いまどき、こんな話をしてもだれも信用しないであろうが、今から三十年も前には、これを真面目に信じ切っている大人が大勢いたのである。

考えようによっては、数学とか科学とかいっても、つまり原始人の間に行なわれていた呪術が進化したものにほかならないともいえるのだから、そう考えてくれば、数学と呪術との結びつきもさして異様なものとみなくてもよいのかもしれない。ただ、科学は呪術から生まれてきたものであるにしても、それは幾世の変遷の間に浄化され洗練されて、今日では健全な人間の知性に基づいて、その祖先たる呪術とはおよそ正反対の方向を指して、文化の上に力強い貢献をもたらしているのである。

ところが、科学は呪術から脱皮したが、呪術に対する信仰はいまだにその跡を絶っていない。そして、世人の科学に対する態度も必ずしも科学そのものの発達と歩調を合わせて進歩したわけではなかった。

今日、世人の間に――ことに遺憾なことには、要路の人々の間に――数学や他の諸科学に対して呪術に対すると同じような態度をもって臨んでいる人が少なくないと思うのであるが、いかがなものであろうか。一方には、あたまから科学を蔑視してかかる人があるかと思えば、また他方には途方もない魔法のような要求を科学に対して抱いている人がないといえるであろうか。

近頃になって、科学国策というようなことがしきりに唱道されてきたが、いま述べたような一般世人の傾向が改まらないかぎり、多くを期待し得ないのではないかと危ぶまれる。もっとも、一般の世人とはいったが、それならば専門の科学者たちの中にそういう傾向は絶無なのかと反問されたとすると、実のところ、私もなんと答えてよいかちょっと返答に苦しむかもしれない。

（一九四〇年一一月）

卓子（テーブル）が動く話

もう十年ほども前のことになるが、ひと夏をピレネに近い片田舎ですごしたことがある。誕生前の子供がひよわいので、せめて暑い間だけでも都塵（とじん）をはなれたところで暮らしてみたいという心組みであった。

着いてみると思ったよりも草深いところで、街道に沿って四、五町の間両側に丈の低い黒ずんだ家が並んでいるだけの小さい村であった。

この細長い町の中ほどあたり街道の片側に教会堂があって、その向かい側は方一町ばかりの広場になっている。広場の中央に四角い二階建の建物が建っているが、これが村の役場であった。役場の二階の窓にはいつも鎧戸（よろいど）が閉まりきりで、二か月ほどの滞在の間私は一度もこの建物に人の出入りするのを見たことがない。

広場の周囲にはカフェ、村の男子小学校などが並んでいる。カフェといっても外まわりに卓子を三つ四つ並べただけの小さい店で、毎日ボルドオ発行の新聞が十部くらいここで売りさばかれる。学校は教室が二つあるばかりで、二人の教師はその家族とともに同じ建物に住んでいた。

ついでながら、フランスでは、どんな片田舎に行っても男子の小学校と女子の小学校とは別々になっているのが普通で、ここでも女子小学校はここから一町ほど離れたところに建っていた。

私たちの宿は小学校の隣にある青塗りの木造の二階家で「憩の家」という名がついている。階下の食堂は床を煉瓦でたたんで、室の一角には幅一間半もあろうと思われる大きな暖炉が切ってあった。夏のこととて、もとより火はたいていない。

宿の裏手には名は忘れたが幅三、四間の川が流れ、少し川上の所に村の洗濯場があって、そこではよく晴れた日など村の女たちが大勢集まってにぎやかにおしゃべりしながら白い物を洗濯していた。宿の庭もこの川に沿っているのであるが、庭とはいっても名ばかりで、思うさま伸びに伸びた草でむんむんと草いきれするほどであった。

フランスも南部のこととて、さすがに昼間は暑かった。それも、この辺は湿気が多いとみえて、ちょうど日本の夏を思わせるような蒸し暑さに少々閉口したのであるが、それでも夕方になると急に気温が下がって、晩食の頃には、快い爽涼の気を肌に感ずることが多かった。

特に天気のよい夕などは、泊り客自ら食堂の卓子を戸外に持ち出して、草の匂いのする庭で食事をしたためたものであった。

食事の終えるころには、もう日はだいぶ暮れて星がかがやき出すのであるが、泊り客たちは、いつまでも椅子によりかかって煙草をくゆらしながら四方山話がつきない。私のような外国人も、ついその仲間になって、夜の更けるのも忘れて話し込むこともたび重なった。

そうしたある夜のこと、植民地帰りの一人の老婦人が、「今夜は一つ卓子を動かそうじゃないか。」と妙なことを言いだした。見ていると、女中に命じて軽い小さい四角な卓子を持ち出さして、その上に手をおいてじっとしている。四人そろった方が具合いがいいというので誰彼とよび集めたが、とうとう私も仲間入りをさせられてしまった。

何のためにこんなことをするのかときくと、こうやってみんなの手で卓子を「暖めて」いると卓子がひとりで動き出して、なんでも質問に答えるのだという。

あまり要領を得ないが、ともかくいわれるままに四人で両手を卓子の上に載せていると、しばらくたって老婦人が卓子の下をのぞきこみながら、「魔よ、汝はそこに来たか（Petit diable es-tu là?）」と小声で言う。続いて、「もし、来ているのならちょっと卓子を動かせ。」と言うと、卓子がひとりでにグイとひとゆれ動く。「さあ来た。」と言うのでじっとしていると、間もなく卓子がじょじょに振動をはじめた。

それも最初のうちは、ごくかすかであったが、時がたつにつれて、だんだんはげしくなり、しまいにはおよそ四十度くらいの振幅でゴトリゴトリと老婦人とその向かい側の人との方向にゆれ出したのである。私はちょうど老婦人の隣にいたのであるが、両手でしっかり抑えつけてみるとかなり強い抵抗を感ずるほどの動き方であった。

いい加減たつと、それでは、というので、みんながききたいことを卓子にたずねはじめた。きくとはいってもただ心の中で念ずるだけで、他の人には内容を知らせないのであるが、数日たってきいてみると、みんな卓子の判断が当たったと言っていた。

私の向かい側に座ったのは、チュニスから子供をつれて避暑に来ていた若い夫人で、夫があとから来るのを待ちかねていたのであるが、「明後日来る。」という卓子の答を得てしきりにはしゃいでいたら、翌日電報がきて、実際翌々日にはその夫が現われたものである。

ところで、卓子の答え方というのは、おもしろいことに、フランス語なのである。たとえば、「然り。」とか「否。」とかいう答を求める場合に、最初卓子が十五回振動してちょっと休んでまた振動しはじめ、今度は二十一回でひと休みする。そして、その次に九回動いて止まるという場合には、アルファベットの第十五字O、第二十一字U、第九字Iをつないでoui（然り）という答になるのである。

こうしてみると、答え方そのものは他愛のない感がするし、実際は、問者がある答を予期して自然に手に力を入れるために卓子がそのたびにひと休みして、いわゆる「答」ができ上がるのかもしれない。卓子の判断の当たる当たらないの問題は、一か月もつづけて翌日の天気を毎晩きいてみたら、あるいはちゃんとしたことがわかったでもあろうと思われる。

ただ、なんとしても不思議なのは、ともかくも卓子の動くことであった。最初の夜の翌日宿の女中にきいてみたら、老婦人が足で動かしていたと言って笑っていたが、その夜、妻に命じて見張らしてみてもそういう形跡は少しもないという。それに振動がいつも老婦人の方向に向かうのではなく、たとえば、さきのチュニスの夫人がものをたずねるときには、前とはちょうど直角に夫人の方向に振動が移るのである。こうしてみると、なんの仕掛けもない卓子を足だけであぁ力強く前後左右に自由に動かすことはちょっと考えられない。

ともかくも、私にとっては異常な経験であったが、こんなことは心理学の人からみればとうに説明の与えられたなんでもないことなのかもしれない。

わが国にも昔から狐狗狸（こっくり）さんというものがあるそうだし、この卓子を動かす習わしも、おそらく西洋では魔法華やかであった中世、もしくはもっと古くから行なわれていたものではないかと思われる。

そういう推測の根拠というわけではないが、ある夜こんなことがあった。その夜はいくら卓子を「暖めて」いてもなかなか動き出さない。みんなどうしたのかと不思議がっていると、そのうちに教会の時計がカンカンと九時をうちはじめた。すると、例の老婦人は声をひそめて「そら、あの音がこわくて魔が出てこなかったのだ。」と言う。時計がなりおえてその余韻が夜空に消えると、なるほど卓子は猛然と振動を起こしはじめたのである。

ことによると、あのルイ十四世あたりも、宮廷のいざこざを解決しようとするとき、礼拝堂の鐘の音を気にしながら、卓子に判断を仰いだことがあったかもしれない。暇なままに、時折こんな途方もない空想を描いてみたものであった。

（一九四〇年八月）

若返り年

年が改まると気持ちも改まる。子供のときから五十をすぎたこの年になるまで毎年そうだったのが、今年はなんだか気持ちがちぐはぐである。原因は年齢の数え方が変わったことにあるらしい。

実は、いままで五十二歳だったのだから新年からは五十三歳になったつもりで落ち着いていたところへ、逆に五十一歳に下がるのだと言われてまごついたのである。どうもおもしろくないなあと言ったら、さっそく「保守反動」だといってやっつけられた。

保守反動かどうかはともかくとして、あの法律はただ配給通帳やなにかには年齢を満で記すというだけのことで、なにも日常の話にまで満をもちこむこともないだろう、ときいてみたら、でも満の方が正確だからだということであった。しかし、それならば、わたしは正月には満五十一歳四か月となにがしというべきだと思うのだが、そこは月以下は切り捨てるのだという。切り捨てていいのなら切り上げたってよかろう、数え年はいわば切り上げ勘定なのだが、と言ってみたが、なかなか首をたてに振らない。また、あくまで正確さを気にするなら、たとえば、わたしは数え年五十三歳で七月生まれですといった方がよほどわかりが早い。月が変わるたびに五十一歳何か月といちいち言い直す手数がないだけでも、日常生活にはこの方がずっと便利だ――こんなことを並べたててみても、相手は「相変わらず理屈っぽいなあ。」というような顔をして笑っている。

そこで、もう一つ「君、アインシュタインはいま七十歳なのだが、西暦何年生まれだか知っているかね。」ときいてみたら、相手は少々困ったような顔をしだした。それでも、おっかけて、「数え年で七十二歳だと言えば、一八七九年生まれのことがすぐわかるだろう。数え年にもいいところがあるさ。」とやってみたら、「でも大みそかに生まれた赤ん坊が元日には二歳というのは不合理でしょう。」と言ってやっぱりゆずらない。「それなら、アインシュタインがこの三月十三日には七十歳で十四日に急に七十一歳になるのも変じゃないか。」こう言って反駁（はんばく）すると「しかし、なんといっても、若い女たちは年が一つ減るのでとても喜んでいますよ。あなただって五十三歳といわれるより五十一歳といわれる方が若返ったようでいいじゃありませんか。いいかげんに天の邪鬼はおやめなさい。」と言って、ますます頑張るばかりである。

こうしたところへ思いがけない援軍が現われた。知り合いのうちの子供が遊びに来たのである。「大きくなったね。いくつになった?」ときくと、「六つ。」とうれしそうに答えた。「そういえば去年七五三のお祝いをしたっけ。」とつぶやいたら、それを聞いて、わたしの論敵は「それじゃ、六つじゃないでしょう。今度変わったので、坊ちゃん、あなたは一つ減って四つになったのですよ。」と余計なことを言いだした。よせばいいのにと思う間もなく、子供はワーンと泣きはじめた。

若い女の数よりも子供の数の方が多いのである。これでさっきの論争(?)はわたしの勝ちと決まった——少なくともわたしはそう思っている。

(一九五〇年一月)

算術以前

一

　あるとき、写しものを若い人にたのんだことがあった。鉛筆で書かれると困るので、特に「ペンで写すように。」と言ったところが、しばらくたってから、「ペンでは書き慣れないので万年筆で書きたいが。」と、さも言いにくそうにききに来た。あまりに思いがけないことなので、ちょっと面食らってしまったのであるが、しかしよく考えてみると、これは驚く方があるいは間違っていたのかもしれないと、あとになって思い返したのである。

　万年筆がはやり出したのは、私たちがちょうど中学生であったころで、それまでは学校での筆記や手紙などすべてペンか、さもなくば毛筆を用いてしたものであった。ひところは、奢侈（しゃし）にわたるといって万年筆の使用を学校から禁じられたこともあるくらいで、そのせいか、万年筆は在来のペンを便利に改良したものという考えが頭にこびりついてしまっている。ところが今の若い人は、おそらく英習字を書くときでもなければ、ペンを使う機会はあまりなく、たいていの筆記は最初から鉛筆か万年筆でやっていて、ペンと聞くと平生使い慣れたものとちがった何かめずらしいもののように感じられるらしい。

子供に対するときは、たいていの人が子供の世界は大人の世界とはまったくちがうということを始終念頭において、適当に加減をして話をする。それも、ラジオの子供の時間などであまり加減をしすぎて、かえって子供からばかにされることさえときどき見受けられるのであるが、いま述べたペンと万年筆との区別というようなことになると、存外人は気がつかない。世代の相違とか国民性の相違とかいうものが人の考え方のうえにおろそかならぬ影響をもっていることは、だれしも理屈のうえではよく心得ていながら、われわれはともすれば、これを忘れてものをいったり行動したりしがちになるのである。

実をいえば、私などこういう考え方の相違を身にしみて感じだしたのはつい近頃という迂闊（うかつ）さで、われわれと現代の青年たちと考え方がどういうふうにちがっているかは、もとより見当がつかない。このごろ、ときどき数学史の本などを繙（ひもと）きながらこんなことを考えだすと、各時代時代の数学に対する考え方などというものが、どの程度まではっきりつかめるものか少々心細い気さえしてくるのである。

いまさらながら、

「我等がある時代を再現する際、その現代と共通なる部分は彷彿するに難からず。たとえばジャン・ダァクの降神は必ずしも再現に苦しまざらん。されどコペルニクスの地動説を知らざる事中世の民のごとくなるを得るや否や。」

という故芥川龍之介の言葉が、しみじみと思い出されるのである。

二

コペルニクスといえば、これより少しおくれて同じく地動説を唱えたガリレイのことがすぐ念頭に浮かんでくる。コペルニクスは、生前その著書が公にならなかったためか、ともかくも無事にその一生を終えたが、ガリレイは老いの身を宗教裁判に引き出されて、世にも苛酷な迫害をこうむらなければならなかった。

いまから考えると、あり得べからざることのように思われもするが、十七世紀初頭の大多数の人々の眼には、こういう迫害も至極当然のこととしか映らなかったのかもしれない。

この世は神によって支配され、人間は神にかたどって造られたという中世以来の考え方は、いいかえれば、空の星も地の花も、すべて万物は人間のために存在するというすこぶる人間本位の考え方であって、こう信じ切っている人々から見れば、人間の住む地球が世界の中心でないなどということは、最初から考えるだに汚らわしいことに思われたにちがいない。われわれが天動説と地動説とを二つともまず一応は対等に並べておいて、そのうえで虚心にそのいずれが正しいかを判断する場合と同じに考えると、だいぶ見当がはずれるのである。

現代人であるわれわれのものの考え方は、一口にいえば、昔の人にくらべて「科学的」であるということができるであろう。「科学的」というとき、この言葉の意味する内容は簡単ではないが、これも大ざっぱにいえば、まず実証的で同時にまた論理的であるといえよう。中世的な考え方は、これに反して、さきに述べたところからもうかがわれるようにすこぶる非実証的であった。

いや、たとえば、「復活後のキリストの身体には傷痕が残っていたか否か。」、または「聖霊が鳩の形に現われたとき、その鳩はほんとうの鳥であったか、否か。」というようなことが、中世においては学界の大問題であったことを考えると、あるいは非実証的というよりも、むしろ実証的ということには無関心な、いわば「前実証的」な考え方であったという方が当たっているのかもしれない。

いま述べたような問題を解決するに際して、中世の学者たちのよりどころとなったものは何かといえば、それは先人の書き残した権威ある書物——たとえば聖書もその一つ——であって、そこから出発して彼らはいとも綿密な論理を駆使して、彼ら自身にとっては満足な、そしてわれわれにとってはおよそ意味のない解答に到着したのであった。自然現象の説明を考えるときにしても、実験によってその正否を検することは問題外で、まずアリストテレスの学説にその説明が適合するか否かが第一に重要な点とみなされていたのである。

いまもちょっと触れたが、中世の学者たちは、アリストテレスのうちたてた論理を縦横に駆使した。したがって現代人に比べて、彼らが特に非論理的なわけではなかった。あるいは、考えようによっては、おそろしく論理的でそのためあまりに論理にたよりすぎて、空虚な世界観の構成に快く耽溺（たんでき）していたともいえるかもしれないのである。

この論理的なところが、芥川龍之介の言葉を借りれば、現代と中世との「共通な部分」であって、これを手がかりにすれば、中世的なものの考え方もある程度までは彷彿と――描くことは論外として――想像することだけはできそうである。それにしても、よほど心構えを変えてとりかからないと、たとえば西洋では乞食でも洋服を着ているといってむやみに感心した人のような、とんでもない見当違いに陥らないとも限らない。

三

これが論理性のないものの考え方となると、ことが一層面倒になってくる。

ない。

レヴィ・ブリュルによれば、多くの未開人の心性は「前論理的」であるという。非論理的であるというのではなく、さきに「前実証的」といったと同様な意味で論理に無関心なのである。「Aは非Aにあらず。」というういわゆる矛盾律は彼らにとっては問題外であって、われわれからみるとひどい矛盾と思われるようなことを彼らは平気で考えて少しも怪しまない。

たとえば、南アメリカのある種族は自分たちはコンゴウインコであることを誇りとしている。これは、単に彼らの祖先がかような鳥であったとか、また死後にはその鳥になるとかいうだけのことではなく、ほんとうに自分たちがコンゴウインコそのものであると思いこんでいるのである。かように、同と異との対立など、その一方を肯定したからといって他を否定しなければならないなどとは、とうてい彼らの思い及ばないところなのである。

こういう暢気（のんき）至極な未開人たちの中には、一、二、三くらいまでの数詞しかもたないものが稀ではない。彼らに四個以上の品物のことをたずねると、彼らはすぐ「数えきれないくらい」と答えてすましている。事実、三、四以上の計算は彼らにはできないのである。抽象的な推理となると、たとえどんな簡単なものでも、彼らにとっては非常に辛い仕事であって、すぐに疲れてしまってどうにもならないらしい。

それでいて、四個以上の多くのものを取り扱うことができないかというと、数十頭の飼犬のうち一頭でも見えないものがあれば、すぐに気づいてこれを探し求める。そればかりではない、十も二十もの品物による取り引きも立派にやってのけるし、また数週後の集合の日どりなども間違いなく指定することさえできるのである。

いかなる方法で彼らがこんなことをしおおせるかといえば、それは、われわれが抽象的な推理を用いるところを、彼らは具体的な記憶にその代わりをつとめさせているということになるのであるが、ともかくも、彼らにかようなことができるところをみると、ものを数えるには必ずしも数詞——あるいは「数」を必要としない、まして算術などというものがなくとも結構やっていける、ということになってこよう。いいかえれば、数や算術はものを数えるための一つの手段であって、未開人はただそういうものの使い方を知らない、いや、そればかりではなく、その必要を認めもしない、というだけのことにすぎないのである。数詞や算術をもたなければ勘定が絶対にできないなどと思うのは、われわれ文明人の頭が抽象的論理的な思考にあまりに慣れすぎているからであって、そういう頭で未開人の考え方を判断しようとすると、ともすれば危険が伴うことを免れない。

もとより、こういったからとて、数や算術が無用の長物であるということにはけっしてならない。未開人の社会であればこそ、算術なしにやっていけるのであって、今日われわれ文明人が卒然として数の概念や算術の知識を喪失したら、われわれの社会の百般の運行はたちまち止まってしまうよりほかないであろう。たくさんのものといっても、未開人の取り扱うものの数はたかがしれているし、それに、彼らの生活は悠長至極なのであるから、それで算術以前の面倒な原始的方法でどうにか間に合っているわけなのである。

四

ところで、算術がそういう原始的方法と異なるところはどこにあるかといえば、それはいうまでもなく、算術が抽象的論理的である点に存する。このことは算術に限らず、ひいては数学全体についてもいわれるのであって、数学が、他の学問に比べて、特に絶対確実である、とされる根拠も、またここにあるものと信じられていた。

ところが、今世紀のはじめ頃になって、数学の確実性を疑わしめるような矛盾が、ちょいちょい見い出されるという厄介なことが起こりはじめた。ことは前世紀の後半にうち建てられたカントルの「集合論」に関するものなのであるが、集合論も数学の一分科である以上、ことにこれが近代の解析数学の土台をなすものである以上、こういう事態はなんとしても数学者を困惑に陥れずにはおかなかった。

いま述べた集合論における矛盾がいかなるものであるかについて一言しようとすれば、まず集合論そのものの説明からして紙面を必要とするし、それにその説明を試みたところで、いたずらに読者のあくびを誘発するだけの能しか発揮できないところが多い。よって、ここではただ、集合論というのは、主として無限に多くのものの集まりを取り扱う学問であって、数学における矛盾というのは、そういうものを扱う際に生じてきた、とだけいっておくことにしよう。

ともかくも、数学に矛盾があるということになっては、数学者にとってはひとときもほうっておけない問題なので、いろいろの数学者がこの困難から数学を救おうとする計画に手を染めはじめた。

そのうちの一人、オランダの数学者ブラウワによれば、数学の確実性が疑われるに立ち至った原因は、無限を取り扱う数学において、「排中律」を無制限に応用したことに胚胎する、という。ここに排中律というのは、断わるまでもなく、「BはAであるか、非Aであるか、いずれかである。」という論理学の法則を指すのであるが、ブラウワは、有限個のものを扱う場合には疑いもなく排中律が適用できる、しかしながら、無限に多くのものを取り扱う際にも無批判にこれが妥当すると考えるのは危険である、と主張するのである。

こういう主張が在来の数学にいかなる影響を及ぼすかを知るためには、次のような例を考えてみるのが近道であろう。いま、

「明日学校が休みならば、私は映画館に行くので、在宅しない。また、明日学校が休みで

ないならば、出勤するから、在宅しない。したがってとにかく、明日は私は在宅しないことになる。」

といったような推論を考えてみる。

「とにかく明日は在宅しない。」という結論が前の二つの命題から出てくるのは、明日学校が休みであるか、休みでないか、いずれかである、ということを前提としている。

ところがもし、仮にわれわれの思考から排中律を完全に閉め出してしまったとすると、明日学校は休みであるか休みでないかいずれかである、とは、必ずしも、いうことができない。そのいずれともつかない第三の場合がないとはだれも確言できないのであるから、してみると、そういう片輪な思考の世界では、「明日は私は在宅しない。」という結論は右の二つの命題だけでは出てこないことになろう。いまいったいずれともつかない第三の場合に、私があるいは在宅するかもしれないからである。

ところで、数学においては、いま例にひいたような推論に類似の推論が頻繁に用いられている。したがって、ブラウワの主張するように、数学における排中律の応用に制限を加えるということになると、いままでに得られた貴重な定理のうち、不確実であるとしてうち棄ててしまわなければならないものがたくさん出てくるのである。

五

こういうブラウワの主張は、いわば数学に荒療治を加えようとするものであって、とうていすべての数学者の支持を得ることは望むべくもなかった。ひとしく、「争う余地なき真実性をもつという往時の名声を再び数学の上に取り戻そう」という念願の下にブラウワに対立して、これとは異なった見地から「数学に全然新たなる根拠を与える」ことを企てるものの現われるのも是非もないことであった。

こういう人たちの考え方を詳説することは差し控えることにして、ともかくも数学の基礎を固めようと試みる人々の中に、ブラウワと同じ見地に立ついわゆる直観派と、ヒルベルトの一派のいわゆる形式派と二つの陣営があることを指摘するだけにとどめておきたい。古来、万人の承認する真理だけを含むものと思われていた数学の基礎に関して、こういうように見解の対立があるということは、けだし注目に価する事柄ではないであろうか。

六

こういう対立をいかに解釈すべきか、これに関連しては、フランスの数学者アダマアルがきわめて興味ある見解を述べている。その概略を説明してこの雑文を終わることにしよう。

われわれは、好悪の感情、美醜の判断という種類の問題となると、人によって異なることがあるのをべつだんに不思議としていない。自分があるものを好むからといって他人もまたそれを好まなければならないとは——少なくとも理論上は——主張しないのが普通である。これは、とりもなおさず、人によって脳髄が必ずしも同じにできていないということを暗々裡に認めているものといってもよいであろう。

しかるに、ことに理論的な問題に関するとなると、精神が健全であるかぎり、何人も一様な判断をすべきものと思われている。ここでは、好悪の判断などの場合とちがって、「趣味の相違」というような言葉は登場することを許されない。こういう問題に限って、討論が行なわれ、論証が提出されるのは、つまり、万人の一致して支持すべき判断が前途に横たわっていることを想定しているものというべきであろう。

元来、人によって、その容貌の異なるごとく、相異なる素質をもっていると認められる脳髄が、ひとり理論的問題においては、同一の判断に到達すべきものと考えられているのは、いったい何によるのであろうか。

アダマアルによれば、これは、われわれの脳髄が「経験」という同一の教師によって訓練され、一様に調整された結果にほかならない、という。さきに述べた未開人たちが、神秘的な雰囲気のうちに生活し、その経験が非合理性に浸透されているために、理論的な問題についての彼らの判断がしばしばわれわれの判断と異なるところがあるのを顧みると、フランスの数学者のこの見解も、あながち無稽の言としてしりぞけられないように思われる。

いま、アダマアルの見解を承認することにすれば、理論的判断の一致とはいっても、これがあらゆる理論的問題に関して成立するとは、必ずしも断定することはできない、かような一致は、ただ経験の関与する範囲だけに限られる、ということになるであろう。

前にも述べたように、集合論は無限を取り扱う学問である。しかも、無限はわれわれの経験には現われてこない。したがって、アダマアルのいう「経験の調整」が及ばない脳細胞のわずかな差がものをいって、集合論に関しては、ここにさまざまの意見の懸隔が現われてくる、ということも考えられないことではない。近頃の言葉を用いるならば、直観派の人々と形式派の人々との意見の対立は、つまりその脳細胞におけるpHの多少に起因する、というわけになるのである。

こう考えてくると、いままで長々と述べてきたさまざまの立場における考え方の相違というものも、結局はやはり右記pHの問題に帰着するということもできるであろう。そして、もしもそれがそのときどきの環境なり食物なりに支配されるものであるとするならば、あるいは正月の屠蘇(とそ)の加減もものの考え方にいくらかの影響を及ぼさないとも限らない。新年号の読者はいかなるpHの状態においてこの雑文を読まれることであろうか。

（一九四一年一月）

動く地球、動かぬ地球

一

さきごろ、風邪をひいてしばらく寝込んだので、久しぶりに探偵小説を読んでみた。探偵小説とはいっても、近頃の新人の作にはなじみがうすいので、押し入れの奥から、コナン・ドイルのシャーロック・ホームズ物を二、三冊探し出してもらったのであるが、かつて中学生のころ書き入れをした仮名をたよりに読み返していくと、おぼろげな記憶の底から、次から次へと話の筋が浮かび出てきて、初めて読むときとはまたちがった別の楽しさがあった。

人の知る通り、シャーロック・ホームズはいろいろと人とは変わった特異の性格の持ち主である。これについては、その「記録者」ワトソンがいたるところで語っているが、こんど読み返したなかで、とりわけ私の興味をひいたのは、科学的捜査法の草分けともいいたいようなホームズが、地動説——地球の自転、公転——をまったく知らなかったという事実（？）であった。太陽系の知識ぐらいもっていてもよかろう、と言われると、彼は言下に、「そんなことが何になる。君は地球が太陽のまわりをまわっているというが、よしんば地球が月のまわりをまわっているとしても、そんなことは僕や僕のやっていることに対してなんの相違も起こしやしないんだからね。」と一蹴してすましているのである。

ちょうど見舞いに来合わせた友人にこの話をしたら、「なるほど、ホームズのいうのがほんとうかもしれないね。少なくとも僕なんか、地動説を知らなくたって、日常の生活になんの不都合も起こらないのだからね。そういえば、この間シュニッツラーの『アナトール』を読んでいたら、こんなことが書いてあったよ。まあ、仮にわれわれが地動説なんてものを全然知らなかったとするんだ。そして、この〝静かな〟大地の上で至極安穏な生活を営んでいるとしてみたまえ。そのとき、だしぬけにお前の乗っている大地は動いているのだぞ、と言われたら、どんな気がすると思う。と、まあそんなことが書いてあるんだが、事実、これはだれだって驚くぜ。第一、われわれは、毎日毎日——といっても僕は朝寝坊だからあまり大きなことはいえないが——太陽が東から昇って、空を渡って、それから西に沈んでいくのを見て知っているじゃないか。学校でなまじっか教わったから、地球の方が動いているなどと、わかったようなことを言っているんだが、日常の経験からいうと、正に逆だね。ことによると、君、地動説はありゃ、うそじゃないかい。」と、これはまたホームズ以上に強硬な意見を吐きはじめた。

「まさか。」と言ってはみたものの、「それなら地動説が正しいという何かたしかな証拠があるのかい。」と反問されると、実は、私もただ当惑するよりほかなかった。気になるので、その後天文学に縁の近い友人の誰彼にたずねてみたが、みんな言い合わしたように「さあ確証といってはないだろうね。」と言うばかりで、はなはだたよりない。

二

仕方がないから、手近にある本を手当たり次第にめくっていたら、フランスの碩学(せきがく)アンリ・ポアンカレの『科学と仮説』の中に次のようなことが書いてあるのにいき当たった。

……そうしてみると、地球がまわるという断定には少しも意味がない。というのは、どんな実験でもそれを検証することはできないからである。……あるいはむしろ次のように言った方がよい、すなわち「地球はまわる」というのと「地球がまわると仮定した方が便利である」という二つの命題はただ一つの同じ意味をもっている。

ポアンカレまでがこんなことを言い出すとなると、話はますます心細くなってくる。あるいは友人の主張するのが本当なのではないか、という気がしてきた。現に、われわれは日常、「日が西山に沈んだ。」というような言葉を使って「地球が回転したためにわれわれが太陽の見えない位置に来た。」などというまわりくどい言い方を使いはしない。しかも、それでなんの不都合も起こらないばかりでなく、むしろ便利でさえもある実状なのである。してみると、「少なくとも日常生活に関するかぎり、地球は動いていないと仮定する方が便利である。」したがって、ポアンカレの口真似をすれば、このことは「地球は動かずに、太陽がそのまわりを動いている。」という命題とまったく同意義である、と主張しても差し支えはなさそうである。

　こんなひとりよがりの迷論を会う人ごとにしゃべっていい気持ちになっていたら、今度はまた別の友人が「まあ、ここを読んでみたまえ。」といって内田魯庵の『バクダン』という本を貸してくれた。

　読んでみると、明治初年に佐田介石という坊さんがあって、地動説を猛烈に排撃した話が載っている。なんでも、地動説は仏説に背くというわけで、介石は十年間も引きこもって、練りに練った地動説反対論をさげて立ったのだそうで、その独自の天動説によって製作した渾天儀（こんてんぎ）まで挿図になって添えられているのである。

　おもしろいのでついつり込まれてさきを読んでみたら、今度は介石が「石油ランプ亡国論」を唱えたことが書いてあった。「天動説はいいとして、石油ランプ排斥はちょっと困るね。」と言ったら、友人は「まあ、君もおつきあいに一つ『電燈亡国論』でも書いてみるさ。」と言うばかりで、とりあってくれない。

三

余談はさておくとして、地動説というと、その創唱者コペルニクスとともに、すぐさまガリレオ・ガリレイのことが念頭に浮かんでくる。

ガリレイは地動説を主張したがゆえに、宗教裁判に引き出されて、その学説の取り消しを命ぜられ、あまつさえ牢にまで投ぜられた。このことは、宗教が、あるいは教会が、科学に対して行なった不当な迫害であるとして、三百年を経た今日においても、人はしばしば憤激をもってこれを語り、いずれの科学史もこの事件に触れていないものはない。特に、ホワイトの『科学と宗教との闘争』などにおいては、多大の頁を割いて、ローマ教会に対して非難の限りをつくしてさえいるのである。

近世における自然科学の鼻祖として、功績かくれもないガリレイが七十余歳の老いの身に無残な圧迫を被ったことは、もとより何人も同情を禁じ得ない悲劇に相違ない。ただ、私はこの受難の物語を読むたびごとに、この迫害が「不当」な迫害であったとされているのは、いったい何によるのかといつも訝(いぶか)らずにはいられなかった。学説が正しいのにこれを迫害したのがいけないというのか、ただしはまた、学説の当否にかかわらず一般に迫害そのものがいけないというのか、その点がどうもはっきりしないのである。

かようなことを言うと、一部の人たちから一言の下に叱られてしまいそうであるが、しかし、さきに引用したポアンカレのいうように、もし地動説が一つの仮定であるとすれば、ガリレイの主張の根拠も少し怪しいことになりはしないであろうか。

地動説がただの仮定であるとしたら、ローマ教会の人々が日常の経験から推して、天動説が便利である、したがって真である、と信じて曲げなかったところで別に不思議とも思われない。むしろ、ただの仮定を真理であるとして流布することを禁じたというだけのことならば、なにも声を大にして教会を非難するにも当たらない、そういうような気もするのである。

私はカトリック教会になんら恩怨のないものであるが、ガリレイ問題に関していたるところで教会に対して非難が放たれているのをみると、科学者たちのこれに関する見解だけを読んでいるのでは、片手落ちの非を免れないではないかという懸念が起こってくるのをどうすることもできなかった。

幸い、友人にカトリック教徒がいるので、この話をしたら、たいへん喜んで「カトリック大辞典」というのを貸してくれた。さっそく、ガリレイの項を開いてみると、辞典としてはかなり詳細な記述が載っている。いまそのあらましを摘録してみると次のようになるのである。

……一六一二年にガリレイは「太陽の黒点について」の三つの書簡において公然コペルニクス的体系に味方した。しかし、この問題全体の上に決定的意義を有したのは、当時ガリレイが提示し得たあらゆる根拠をもってしてもコペルニクス説が唯一の正しいものであるという納得のいく証明を与え得なかった事実であり、今日ではその中の一つも地球の運動に対する物理的証明とみなされるものはない。しかるに聖書解釈家の間に一般に行なわれていた原則によれば、もし納得のいく理由によって要求されるのでなければ聖書の字句はそのまま保持さるべきものだったのである。

……従来の自分の証明の弱さを自覚していたガリレイは今や周知の地上の一現象すなわち潮の干満の現象を楯として、この交替の事実は地球の運動によってのみその唯一完全な説明を見いださねばならぬと主張した。しかしこの点においても彼の説明は誤ったものであった。そしてそれを発表したことはかえって彼の反対者たちの見解を強めることになった。

……ガリレイは自己の命題のための証明を一つも提出しなかったのであって、その命題ははるか後代に十九世紀のベッセルによる星の視差の観察、一七二五年ブラッドリーによって発見された星の光行差、フーコーの振子実験（一八五一年）によって異論なく確かめられたのである。

カトリック大辞典の記述はだいたいこのくらいであるが、地動説を証明するために提出した論拠としては、前記の潮の干満の現象のほかに、なお遊星の見かけの運動と太陽の黒点の運動との二つがあった。これについてはほかのところでカトリック天文学者が、あえて地動説を用いなくとも、天動説でこの二つのいずれをもあますところなく説明できると述べているのは興味なしとしないであろう。

四

以上カトリック側の言うところが正しいとすれば、ガリレイの立場ははなはだ分の悪いものとなってくる。極端な言葉を使うならば、ガリレイは単なる当て推量を猛烈に突っ張っただけの狂信者にすぎなかった、といい得るかもしれない。現に、カトリック大辞典は「ガリレイの愚かな軽々しい野心、名誉欲と学問的反対者に対する偏見と論争癖」について言及しているのである。

しかしながら、教会側の言い分を全面的に承認することは、たとえば前記ホワイトの煽情的な教会非難を批判なしに受け入れるのと同様に早計たるを免れない。ことに、イシドール偽文書集以来あまりにも有名なローマ教会のさまざまな術策の歴史の跡を顧みるとき、こういう問題に関しいかに用心しても用心しすぎることはないであろう。

ガリレイ問題は科学史上の大事件であるだけに、その真相の正しい究明をこいねがうものは、あえて、ひとり私のみには限らないであろう。実は、カトリック大辞典にもこの問題に関する参考書をいくつかあげているのであるが、おそらく西洋にはこのほかにもおびただしい研究文献が存在することと想像される。

もとより、私はそれらのものを寓目する機会をもたないが、それらの研究の多くは、西洋人の手になる以上、カトリックの立場か、あるいはその正反対の立場か、いずれかからなされたものであることは想像に難くない。

そういう偏見からはまったく自由な立場にあるわが日本の科学史家による究明が望ましいゆえんであるが、ただそのためには、まず科学精神の使徒というようなセンチメンタルな態度を一応脱ぎ捨て去るだけの用意と勇気とが必要であることはいうまでもあるまい。

五

それはそれとして、ここに注目すべきは、前記カトリック大辞典において、今日では地動説が異論なく確立されているとしていることである。すなわち、ガリレイ自身の論拠は怪しかったが、その後の発見によって地動説そのものは疑いを入れないものとなった、と明言しているのである。

こうなってくると、教会は地動説を正しいものと認め、科学者ポアンカレはこれを単なる仮定としか考えない、という妙なことになってきた。まさに三百年前とは正反対のような情勢であって、事実、ポアンカレは、この言説のために、いろいろ誤解や非難を受けたらしい。これは、いったいいかに解釈すべきなのであろうか。これについては、再びポアンカレをして語らしめるのがいちばん適当であるように思われる。

> 物理学のある理論が正しいか正しくないかは、それが事物の間の正しい関係をより多く闡明（せんめい）するか否かで定まる。すなわち、より多くの正しい関係を示せば示すだけ、それだけその理論は正しいのである。いま、これを原理として地動説と天動説とを検討してみよう。星の見かけ上の日々の運動、フーコー振子の回転、旋風の渦動というようなものを考えるとき、天動説から見ると、これらの現象の間にはなんの連絡もないことになる。しかるに、地動説の立場からすれば、これらはみな共通の原因から生ずるものとして説明される。地球が自転しているというのは、すなわちこれらの現象が内面的関係を有するということにほかならない。
>
> また、天球上における遊星の見かけ上の運動、恒星の光行差、視差という三つの現

象も、天動説からみれば、これらは全然相互に無関係な現象であるが、地動説の信奉者にとっては、これらはいずれも同一の原因から生ずるものとみられる。すべての遊星が一年を周期とする変異を示し、しかもこの周期が光行差及び視差の周期と精密に一致するのをみるとき、果たしてこれが偶然であるといい得るであろうか。天動説を採用するのはすなわちこれが偶然であることを肯定することを意味するのである。

なお、天動説にあっては、天体の運動は中心力によって説明せられない。したがって、天体力学は不可能となる。しかるに、天体力学が示すところの天体現象間の内面的関係は正しい関係なのである。地球の静止を主張することは、これらの関係を否定することであって、したがって、間違っていることといわなければならない。

これで、最初にわれわれが提起した地動説は果たして正しいのかという問題は一応片がついたと考えてよいであろう。もとより、この説明を聞いて、佐田介石やシャーロック・ホームズが納得するか否かは、ちょっと私にも想像がつかない。

なお、ポアンカレが以上の説明の末尾に、

これにより、ガリレイの迫害の因をなした真理は、たとえそれが常人の考えるのと全然同じ意味をもつものでないとしても、依然として真理であることを失わない。その意味は常人の考えるよりもはるかに微妙深遠豊富なのである。

とつけ加えているのは、すこぶる暗示的であるといわなくてはならないであろう。

六

実をいえば、ガリレイを有名ならしめたのは、なにもこの地動説に関しての宗教裁判ばかりではない。ガリレイこそは、落下運動や振子運動の法則を発見することによって物理学をまったく新しい基礎のうえにおき、また観測、測定なしにはいかなる自然科学も存在し得ないという見地から、自然科学の実験的帰納方法を確立した偉大な科学者であった。ガリレイ、ケプレル、ニュートンという系譜をたどって、自然科学は今日のような隆盛をみるに至ったのであるが、いまその跡を顧みてみると、ガリレイが地動説を唱道したとき、その脳裡には、暗々裡にさきに述べたポアンカレの「原理」のようなものがひそんでいたのではないかという気がしてならない。

ともあれ、ガリレイの宗教裁判はガリレイ自身にとっては、まことに大きい不幸な事件であった。と同時に、それはまた、近世科学文明の黎明を告げる鐘の音に混ざった一つの雑音であったともいえるであろう。

（一九四二年二月）

追　記

パスカルが神父ノエルに与えた手紙の中に次のような一節がある。

そういうわけで、ひとが地球の動・不動の問題について人間として論ずる場合にも、遊星の運行とか逆行とかいったような現象はすべて、プトレマイオスの仮説からも、チコ・ブラーエのそれからも、コペルニクスからも、そのほか立てられ得る限りの多くの仮説からも、ひとしく、完全に結果するのでありますが、しかし真であり得るのは、それらすべての仮説のうちのただ一つきりであります。とはいえ、そもそも誰かかくも重大な識別をあえてする者がありましょう。また誰か、誤謬（ごびゅう）の危険なしに、他をことごとくしりぞけて一を採り得る者がありましょう。（由木・松浪両氏訳）

この手紙は一六四七年に書かれたものであるが、ガリレイの裁判が一六三三年であったことを思い合わせると、すこぶる興味深いものがあるので、付記しておく次第である。

（一九四三年一月）

数学を怖がる話

数学というとたいていの人が顔をしかめる。一つには入学試験の準備のために難問に苦しめられたいやな記憶のせいもあろうが、一般の人の数式に対する恐怖は病的なものがあるとさえいえる。

最近のことであるが、ある官庁で貯蓄組合ができてその貯蓄の割合を定める相談があった。みんな同率にしてしまっては月給の少ない者が困るだろうというので、ある人が月給X円の人は毎月$\frac{X^2}{10{,}000}$円貯蓄することにしたらどうかという案を提出した。

ところが、会計の事務をとる連中から猛烈な反対が出た。そんなむずかしいのはやめて、月給何円以上は何割何分というように、月給の額による階級を作って各階級ごとに率を決めてほしい、という。

それだと階級間の境目のところで不公平（?）のようなことが起るじゃないかと言えば、今度は累進税率のような方式を考えてほしいと要求する。

「ともかく、ああいうむずかしい数式ではわれわれにはとても扱えませんから。」と、てんでとり合ってくれないのである。

それではこの式のどこがむずかしいのかときくと、「実はまだよく見てはいませんが、とにかく式などというのは。」と言ってすましている。

この案は平たくいえば、五十円の人は五厘、百円の人は一分、百五十円の人は一分五厘というような割合をただ簡単に表わしただけなのだがと教えても、もうこうなっては意地もあるのか「わかりません。」の一点張りである。

そこで、月給の表と算盤とをとり寄せて、提案者がパチパチとやってみると、今の公式による貯蓄高数十人分瞬く間に算出されてしまった。

会計の連中の希望する案でやってもこんな早く計算できるかと詰(なじ)り気味にきいてみたら、さすがの連中もようやくこれで降参して、そんな簡単なこととは知らなかったものだから、と申しわけみたいなことを言ってとうとうこの案が採用され、いまでも支障なく続いて実行されているということである。

また、ある専門学校の入学試験のときに、受験者を三組に分ける必要が起こった。番号の隣り合った人が同じ組に入っては具合いが悪いので、数学の先生が3で割り切れる番号、3で割ると1が残る番号、それから3で割ると残りが2になるような番号というふうに分けたらという案をたてた。

この時も、またそういう「数学的」なのは困ると事務当局は頭から反対する。二組の時なら奇数偶数で分けるのがいちばん簡単なことは明らかなので、理屈はそれと同じだからとむりやりこの案を押し通して掲示を出したところ、なんの不都合もなくすらすらと組分けができてしまった。

それもそのはずでいやしくも受験生たるものでこのくらいのことがわからぬはずはないのである。専門学校の受験生とまでいかなくても、小学生だって3の割算でまごつくものはそう大勢はいないだろう。

ところが受験生が受験生でなくなり、小学生が小学生ではなくなると、官庁や学校の事務当局のように、急にこういう「数学」が怖くなる。いや、急に怖くなるのではなくて、実は学校にいる間や入学試験を受ける前は、落第したり先生に叱られたりするのがいやなために「数学」はいわば「こわもて」を受けているのだ、と言ったら「こわもてでもなんでも、いったいもてているつもりかね。」と野次った人があった。

こんな野次は論外として、ともかく小学校、中学校で習っただけの「数学」をもう少し使うようにしたら、ずいぶん事務簡捷（かんしょう）という方面に貢献すると思うのだがいかがなものであろうか。

人的資源が少ないといわれるとき、考えてみてもよさそうである。

（一九三九年八月）

数学とは何か

「数学とは何か」という問に対しては、中学生の大部分は「数学は高等の学校に入るために必要欠くべからざる学問である」と答えるであろう。私はここで、これよりも少し精密な解説を試みてみたいと思う。

中学校、高等学校等において、自然科学の諸学科は、ともかくもその縮図が教授され、そのだいたいの観念が得られるに反して、数学に関してはただそのきわめて局限された一斑が学ばれるにすぎないことを考えるとき、こういう試みも一概に無意味ともいえないであろう。ただし、限りある紙面に数多い数学の部門のおのおのについて、いちいち解説をつけるということは、はじめから不可能なことは明らかである。ここでは、ただ今日の数学のもつ著しい一つの特徴をとらえて、これを中心にしてきわめて雑駁(ざっぱく)な考察を羅列するにとどめたい、と思うのである。

数学に限らず、いかなる学問であっても、その学問が何を目的とするか、を簡単に一言をもって表わし得るものでないことは、もとより言うまでもない。ただ数学においては、特に他の学問に比べて、このことが一層困難なのではないであろうか。

たとえば、物理学は実験によって自然現象の間の量的関係を法則の形に表わし、さらに進んではこれらの法則を統一して普遍的な理論をこしらえ上げようとする学問であるといえば、ともかくも、一応の説明にはなるであろう。ここに自然現象というとき、人は物理学の対象としてこれがわれわれに与えられているものと考える。しかるに数学においてはその研究の対象は自然の中に与えられてはいない、いやむしろ、数学の取り扱う事実は数学者自身が創り出すところであると考えるのが一般であるように思われる。

こういう考え方は、いわゆる公理主義によって最も端的に表現されているとみることができるであろう。これに従えば、数学の各部門はそれぞれ一つの公理体系の上に立つ、これらの公理から演繹的(えんえきてき)に導き出されるすべての結果がすなわちその部門を形作る、というのである。ここに公理というとき、人は証明なしに自ら明らかな真理というふうにこれを解してはならない。公理が真であるか否かを問うことはそもそも無意味であって、公理とはただその部門を形作るための出発点にすぎないと考えられるのである。

こういう公理主義をもって最も鮮明な形において幾何学を建設しようと試みたのがヒルベルト Hilbert の『幾何学原論』Grundlagen der Geometrie（1899）である。ヒルベルトの用いた公理においては、当然、点、直線、平面等の幾何学上の術語が表面に現われるのであるが、ここにいう点、直線、平面等は必ずしもわれわれがこれらの言葉を聞くとき暗々裡に思い浮かべるごとき対象たるを要しない。事実、ヒルベルトはこれらの術語に対してはなんら定義を与えてはいないのである。点、直線、平面は三つの相異なる種類の物に与えた便宜上の名称であって、これら三種類の物は単にヒルベルトの公理を満足しさえすれば足る、その何たるかはこれを知るをもちいない、と言うのである。かくて、「数学においては、何についてわれわれが語りつつあるか、またわれわれの語るところが果たして真であるか否かについてはわれわれはなんら知るところがない。」というラッセルの言葉も生まれてこようというわけである。

こういう公理主義の考え方は、またしばしば「数学の抽象化」という名でよばれる。すでに前で述べたところによってもその間の消息はうかがわれると思うのであるが、さらに一つの例をとっていま一応説明を加えるのも無駄ではないであろう。本来ならば、前世紀の中葉から発達を始めた群論をとるのが適当なのであるが、これはしばしば引用されることが多いので、ここには解析学と縁の深い点集合論から例を引くことにしよう。

平面上の二点 P および Q の座標をそれぞれ (x_1, y_1) および (x_2, y_2) とするとき、P から Q へ至る距離 $r(P, Q)$ は、通常

$$\sqrt{(x_1-x_2)^2+(y_1-y_2)^2}$$

で定義される。かく定義された距離の主な性質を要約すれば、

1°　$P \neq Q$ ならば $r(P, Q)>0$, $P=Q$ ならば $r(P, Q)=0$,

2°　$r(P, Q)=r(Q, P)$,

3°　$r(P, Q)+r(Q, R) \geqq r(P, R)$

の三つに帰することは容易に知られるであろう。事実、距離に関連したいろいろの定理は、すべてこの三つから導き出されると言っても過言ではないのである。

しかしながら、この三つを満足するのは右のように定義された距離のみであろうか。そのしからざることは、距離を

$$r(P, Q)=|y_1-x_2|+|y_1-y_2|$$

と定義するとき、これもまた右の三つの性質をもつことからも明らかであろう。いや、さらに進んでは、通常われわれが距離という名をもって呼んでいないものまでが、この三つの性質を有することが認められるのである。たとえば区間 $[0, 1]$ において連続な二つの関数、$f_1(x)$ および $f_2(x)$ を考える。いま、

$$\int_0^1 [f_1(x)-f_2(x)]^2 dx$$

を仮に$f_1(x)$から$f_2(x)$に至る距離と称することにすれば、この「距離」もまた右の三つの性質を満足することはきわめて容易に証明せられる。

かくのごとく考えてくるとき、点という言葉の下になんら具体的に定義されたものを指すことなく、また、点の間の距離としては単に前にあげた1°2°3°を満足する数を考えるだけのこととして、この三つを公理として出発して、それから導き出されるすべての結果を求めようとする試みが生まれてくるのは、きわめて自然の成り行きであろう。かような意味においてその相互の間に距離を有するような「点」の集合は、「距離のある空間」(espace distancié)を形作るといわれる。この「距離のある空間」の有する諸性質をくまなく研究しておきさえすれば、前にあげた平面上の点の集合にせよ、あるいは区間[0, 1]において連続な関数の集合にせよ、距離に関連したかぎりにおいてのその性質は、一挙にしてこれから得られるわけである。平面上の点の集合といい、連続な関数の集合といい、これらは、つまり、距離のある空間の一つの表現にほかならない。実は逆に考えて、これらから抽象することによって、「距離のある空間」なる概念が得られたというのがより適切であろう。不完全ながら、以上の説明によって、今日いう「数学の抽象化」が何を意味するかについて、だいたいの見当はつくと思われる。

実をいえば、さきにあげた群論や『幾何学原論』の例から見ても明らかなように、この抽象化の傾向が数学に現われてきたのは、なにも最近のことではない。ただ、過ぐる欧州大戦を境として、その後、その傾向はとみにその勢いを増し、次第に数学界を席巻するに至った。そのおよぶところは数学のほとんどあらゆる部門にわたり、数学の中でも最も具体的な部門の一つと考えられる解析関数論さえ、これを抽象化しようとする試みが現われてきたのである。試みに、抽象化の最も著しい例として、今日行なわれている代数学の書物を大戦前のそれと比較するとき、人は、そのまったく面目を一新してしまったのを認めずにはいられないであろう。

数学を実験にその確実性の根拠を置く自然科学ではないと考えるかぎり、数学が、その程度のいかんはしばらくおいて、ともかくも抽象的な方向をたどることは、だれしもこれを否定し得ないであろう。必ずしも遠く例を求めずとも、すでに初等代数学における「公式」は初等算術における算法を抽象したものとみることができる。前で説明した今日の数学の抽象化は、こういう一般的の抽象的傾向が極度に高度になったものと考えられるのである。

しかしながら、前で説明したごとく公理主義ないし抽象化の方法がかくも数学界に勢いを得てきたについては、何かそのよってくるところがあるのではないであろうか。われわれは、ここに、この方法が数学に対し何を貢献するかを考えてみようと思う。

公理主義の特長としては、まず、その方法のもたらす純潔性をあげることができるであろう。前にも述べたごとく、数学の各部門は、最初に単なる仮定としておかれた一つの公理体系から出発して、歩一歩演繹的に打ち建てられる。その間予告なしに混ざり物の介入することは許されないのである。これにより、同じ部門に属する諸定理は相互にいかなる論理的関係に立つかが一望の下に明らかとなり、さらにおのおのの定理が妥当すべき範囲もまた明確に規定される。かくて、方法の純潔性は必然的にその厳密性をともなってくる。だれかが言ったように、厳密性の欠如はすなわち数学の死にほかならない、とすれば、数学の各部門が公理主義の形において整頓され、建設されることが望ましいことは、何人も首肯し得ることと思われる。

ついでに一言すれば、中学校の初等代数は、これを同じ教室で教えられる初等幾何学と対比するとき、後者が演繹的な体裁をもつのに反して、前者における諸定理は外見上突如として出現して、前者におけると後者におけると定理という言葉の意味があたかも相異なるかの印象をときとして与えるのであるが、これを公理的方法によって処理する時は、幾何学も代数学もともに明確に演繹的な体裁の下に登場し、いずれも甲乙なき数学の部門であることが認められるのである。

ここに方法の純潔化が招来する効果のうち、いま一つ閑却できないことは、実際に個々の定理を取り扱ううえに与える便益の点である。実例をあげて説明をするのは所を得ない感があるのでこれを差し控えるが、実際、そのままの形においては容易に証明しがたい具体的な定理が、これをいったん抽象化した形に引き直したため、著しくその証明が容易になることは、数学者がしばしば経験するところなのである。これは、抽象化によって無用な混ざり物が除かれ、本質的なもののみが表面に現われる結果、いわば定理が身軽になるからとでも解釈すべきであろうか。

次に、われわれは、さきにあげた「距離」の例が暗示する方面に目を注いでみよう。抽象化の方法を用いるときは、相異なる幾多の概念がその共通の性質を抽象することによって一つの概念にまとめられ、したがって一見互いに縁のないように見える相異なる部門における幾多の定理がただ一つの定理の特別な表現として理解される。すなわち、数学におけるいくつかの部門が一つの系統の中に統一され摂取されるという傾向が生まれてくるのである。

かくのごとく、抽象的方法の数学の進歩に寄与するところはまことに大きい。今後も、この方向に沿っての努力はますます強化されていくことと思われる。

とはいうものの、抽象化の方法を極度に推し進めるときは、反面において数学の著しい複雑化を誘致することがありはしないであろうか。徹底した公理主義の立場に立つとき、数学の各部門の出発の起点としていかなる公理体系を採るかは、技術上の問題をしばらく差しおけば、理論上価値判断を絶するものと考えられるはずである。したがって、ここに無限に多くの数学の部門の可能性が一応は想定されるのである。数学の特定の部門において、これに新たにいくつかの公理を付加することによって新たな小部門が設けられるときも、結局は前とぜんぜん同様のことが言われるわけである。

もとより、実際において、一つの部門から新しい小部門が派生するに際し、いつもこれがなんらの理由なしにいたずらに行なわれていると主張するのではけっしてないが、公理体系選択の任意性という理論上の背景の前にあまりに盲目的に行動することは、ひいては数学の複雑化の傾向を助長することがないとは必ずしも断言できないような気がするのである。しかも、新たな部門がいったん生まれ出でれば、その部門は、他の諸部門との関係を顧慮することなしに、猛然独自の発達を続けようと始める。ここに数学の深刻な専門化が胚胎（はいたい）するということができないであろうか。数学の抽象化のために新たに導入された術語の氾濫はほのかにこの間の消息を反映するものと考えることは不当であろうか。

前にも述べたように、数学を整頓しこれを体系づけるうえにおいて、抽象化がその最良の方法の一つであることは、疑いをはさむ余地はないであろう。ただ、このゆえに数学の目的そのものが抽象化そのものにありとして、これから生ずる数学の複雑化、専門化もまたやむを得ざる勢いであって、実はこれこそ数学の進歩発達を促すゆえんである、と主張する人々があるかもしれない。しかしながら、われわれは、方法としての優秀性とその目的とは必ずしも同一でないことを忘れてはならない、と思うのである。刑務所の建設は犯罪防止に対する優れた方法であることは疑いないとして、だれが刑務所の繁栄をこいねがうものがあるであろうか。実際、根本的に重大な問題は、いかにすれば数学が進歩するかにあるのではなくして、数学の進歩そのものが人間の文化にとって果たして好ましいか否かということにあることを注意しなければならぬ。

かくて、われわれは数学を指導すべき原理は何であるか、という問題に当面する。実をいえば、この問題の重要なことはただに今日に始まるものでないことはいうまでもないのであるが、現在の抽象化の立場によって、数学が外界になんら負うところなき学問であることが最も端的に標榜されるとき、この問題は特にその切実さを増すと思われるのである。いま、この問題を今日の言葉に引き直して述べれば、数学の各部門の出発点となるべき公理体系をその無限に多くの可能性の中から選択するに際し、何がその選択の標準となるべきであるか、ということになるであろう。

なかには、数学者がその理論を建設するのは、ただその構成の精緻さが与える審美感のゆえであって、数学の各部門はあたかも一つの芸術品と考えるべきである、と主張する人々がないでもない。これがその人個人の好みであるというのならば話はそれまでであるが、実はよく構成された理論が一種の美しさをもってわれわれに迫るのは、なにも数学にのみ限ったことではないことを見落としているのではないであろうか。あくまでこういう見地を固執することは、つまりほかの学問の理論、たとえば理論物理学に比べて、数学はそのよって立つべき支柱の数がより少ないということを強調するだけのことに終わりはしないであろうか。

また、アンリ・ポアンカレによれば、数学者は幾度も役立つ事実、すなわち繰り返して起こる機会のある事実を選択して研究すべきである、という。したがって、理論はそれが普遍的であればあるほど貴重であるという見地のもとに、われわれの指導原理を定むべきであろうか。しかしながら、幾度も役立つ事実というとき、何に役立つことが意味されるのであろうか。これが単に数学それ自身の中に幾度も繰り返して起こる事実というだけにとどまるならば、これは、たとえば抽象化による数学の系統化を目指すというだけのことであって、問題は依然として同じ所を低迷しているだけのことになってしまうのである。

私はもとより、さきにあげた問題に対して、ここに決定的な解答を与え得ようなどとは毛頭思ってはいない。ただ、ここまで押し詰めて考えるとき、数学の存在理由、したがって公理体系選択の標準は、外界にその根拠をおくほかの実証科学との関連においてこれを求めるほかないような気がするのである。

数学が、古代エジプトなどにおいてすでにその片鱗を現わしながら、ついに目覚ましい発達を見ることなく、知識を知識そのものとしてこれを育むことを知るギリシャに至って初めて学問として確立したとは、よく人々の口にするところである。しかしながら、当時においてこれが数学の他の諸学問からの純然たる孤立を意味していたと考えることは果たして妥当であろうか。また、仮にそうであったとしても、このギリシャに源を発する数学が、その後人間の自然認識のうえに大きな貢献をいたすことがなく、単なる好奇心の対象たるにとどまっていたならば、果たして、今日までその命脈を保ってこられたであろうか。これは、たとえば和算の衰亡の原因を考えてみるとき、人は思いなかばにすぎるものがあると思うのである。

さらに、近世に至って勃興した数学の部門、たとえばニュートンの微積分学に源を発する解析学のごときに至っては、明らかに自然現象の説明をその目的として創始せられたということができるであろう。もとより、一つの科学の発生の端緒が必ずしもその指導原理を永遠に決定するとはいい得ないとはいえ、いまわれわれは数学が他の実証的科学にその研究上の武器を供給するということをほかにして、いかにして数学の存在理由を根拠づけ得るであろうか。

かくいえばとて、いわゆる応用数学が数学のすべてであるべきであると主張するのは、またいささか早計であろう。数学の供給する武器が十分有力であるためには、数学自身強固な地盤上に培養されることを要する。かかる意味において、数学は独立した一個の科学としての地歩を占め得るというべきであろう。ただ、数学がその使命を忘れて盲目的にその独立に狂奔するときは、数学はついに閑人の閑遊戯と堕して、ひいてはその没落の危機を中に孕むおそれなしとはいわれないのである。「数学のための数学」というやや感傷めいた言葉も、目前の応用をほかにしては全然数学を認めまいとする極端な主張に対抗するための標語として、十分意味を有するのであるが、標語は、これを文字通りに解するとき、しばしばただ半面の真理のみを伝えることを忘れてはならないと思うのである。

かくして、数学の進むべき道は、前に述べたような抽象化の方向にのみ限られるものではないこともほぼ明らかであろう。抽象化というとき、人はそこに抽象化さるべき何物かを予想しなければならぬ。抽象化はその予想たる具体的事実を整理し体系づけるところにその重大な意義を有するのであって、これを反面から見るとき、数学の使命に直接の貢献をもたらす具体的研究の重要さは、単に古典数学なる名の下に、これを軽視すべきではないと思われるのである。

以上のごとく考えてくるとき、われわれは、さらに数学がいかにして他の実証的科学、わけても自然科学に応用され得るか、という根本的な問題の前に立つことになるのであるが、これは本稿が取り扱う範囲を遠く外に出る問題であろう。

（一九三七年二月）

四色の地図

一

　毎年八月になると、甲子園の野球大会がはじまる。ここ十年来地方に住みついて、野球試合を見る機会に恵まれない筆者にとっては、大会の実況放送に耳を傾けながら真夏の午後を過ごすことが、いつしか年ごとの習慣のようになってしまった。

　そうした午後のひとときのことである。放送を聞き終わって、三、四人で茶をすすりながら、雑談をしているうちに、突然、そのうちの一人が、「甲子園大会ではいくつ試合が行なわれるか、その数を知っているか。」という問題を提出した。新聞を出してきて勘定をすればすぐわかることであるが、そういう手数をせずに、参加校の数が二十二であることだけを知って試合数を計算せよ、ただし、引き分けや中止になった試合は勘定にいれないことにする、というのである。

さしてむずかしい問題でもないので、しばらく暗算をしたうえで、「試合の数は二十一。」と答えたら、答に間違いはないが計算のやり方を説明しろと、まるで試験官のようなことを言い出した。ふだん学生をいじめている弱味もあるので、いさぎよく口頭試問に応ずることにして、説明を試みたのであるが、その要領をわかりやすく書いてみると、だいたい次のようになるのである。

二

いうまでもなく、甲子園の大会は勝ち抜き試合である。すなわち、試合の敗者は出場権を失って、残った勝者同士がさらに試合を行ない、こういうことを繰り返して、結局最後にただ一つの優勝校が決定されるという建前になっている。

これは回のすすむにつれて出場校の数が次第に半減されていく仕組みであるから、こういう方式を完全に行なおうとすると、参加校の数が二とか四とか八とか十六とか三十二とか、要するにちょうど二の乗冪(じょうべき)になっていないと具合いが悪い。したがって、甲子園大会のように参加校の数が二十二で二の乗冪に等しくない場合には、次頁に掲げる第二十五回(昭和十四年)の大会成績表を見てもわかる通り、いわゆる不戦一勝組なるものを定めて、第二回以後を完全な勝ち抜き方式に編成するという細工をしなければならないのである。

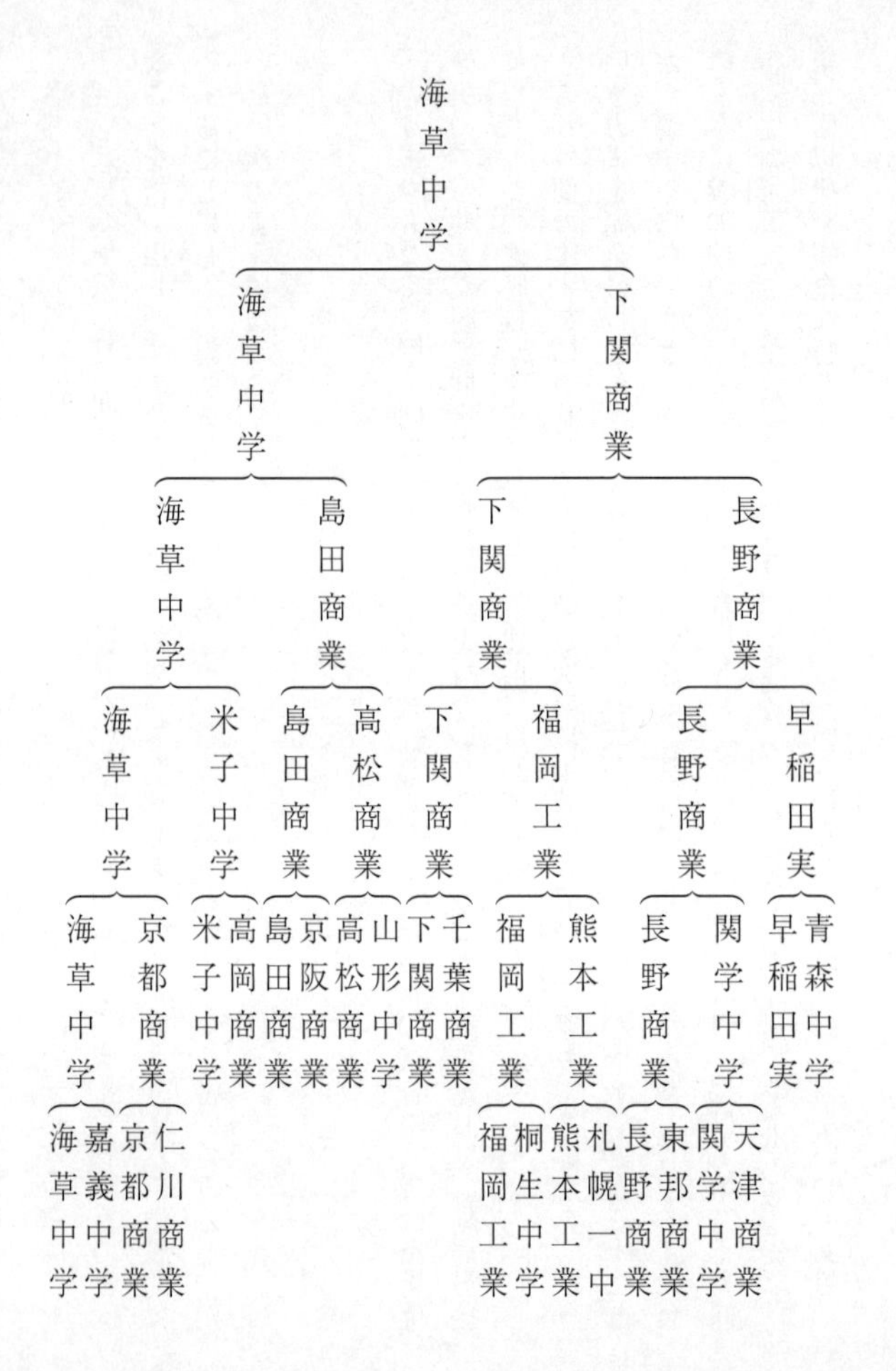
海草中学
海草中学
下関商業
海草中学
島田商業
下関商業
長野商業
海草中学
米子中学
島田商業
高松商業
下関商業
福岡工業
長野商業
早稲田実
海草中学
京都商業
米子中学
高岡商業
島田商業
京阪商業
高松商業
山形中学
下関商業
千葉商業
福岡工業
熊本工業
長野商業
関学中学
早稲田実
青森中学
海草中学
嘉義中学
京都商業
仁川商業
福岡工業
桐生中学
熊本工業
札幌一中
長野商業
東邦商業
関学中学
天津商業

そうすると、試合の数を計算するためには、さしあたり不戦一勝組をいくつ作るかを定めることが先決問題になってくるのであるが、これについては次のように考えるのである。

参加校の数二十二は二の乗冪たる十六と三十二との間に位するので、第二回戦には十六校が出場して八試合を行なうように仕組むことにする。ところが、そうするためには、本来は、第一回戦には三十二の参加校を必要とするのに、実際には、その数が二十二で、十だけ足りない。したがって、二十二校のうち十校だけは対戦すべき相手がない勘定になるので、仕方がないから、そういう十校だけは、第一回戦で架空の十校と試合して勝ったことにして、実際は第一回戦から除外して、すぐに第二回戦に出場する権利を与えてしまう。これがいわゆる不戦一勝組と称するものなのである。

さて、ここまできてみると、これで計算の材料はすっかり出そろってしまった。あとはただ加え算を行なうだけのことにすぎない。

まず、第一回戦は二十二校から十校を除いた十二校で行なうから六試合、第二回戦は勝ち残った六校と不戦一勝の十校と合わせて十六校だから八試合、以下第三回戦から規則正しく四試合、二試合、一試合と半減していくので、結局試合の総数は、

$$6+(8+4+2+1)=21$$

となることはまず間違いのないところであろう。

三

だいたい前のような説明をしてこれでよいと思っていると、試験官は、これだけではなかなか承知をしてくれない。第一、参加校が二十二校という少数だからよいようなものの、もしも千、二千とたくさんあった場合に、いちいちそんな計算をしていてはたいへんなことになる。そういうときにはどうするか、というのである。

これに対しては、参加校の数がいくつあっても、前記の方法によれば、試合の数はいつでも参加校の総数から一を減じた数になる、このことは代数記号を使ってやればすぐに証明できる、と答えてひとまずこの難関だけは切り抜けたのであるが、まだあとに一つ困った問題が残っていたのである。それは、勝ち抜き試合を行なう場合には、必ずしも前に述べたように不戦一勝者をつくってやる編成によると限ったわけではない。ほかにも可能な編成があるが、そういう場合に試合の数をどうして計算するか、実は、どういう編成にしても試合数が二十一である点は変わらないのだが、というのである。

なるほど、いわれてみれば、その通りで、たとえば二十二校を仮にAからVまでの二十二文字で表わすことにして、A、B、Cの三校を不戦二勝、Dを不戦一勝ということに定めて、左図のような編成を行なっても勝ち抜き試合は成立するのである。しかも、数えて

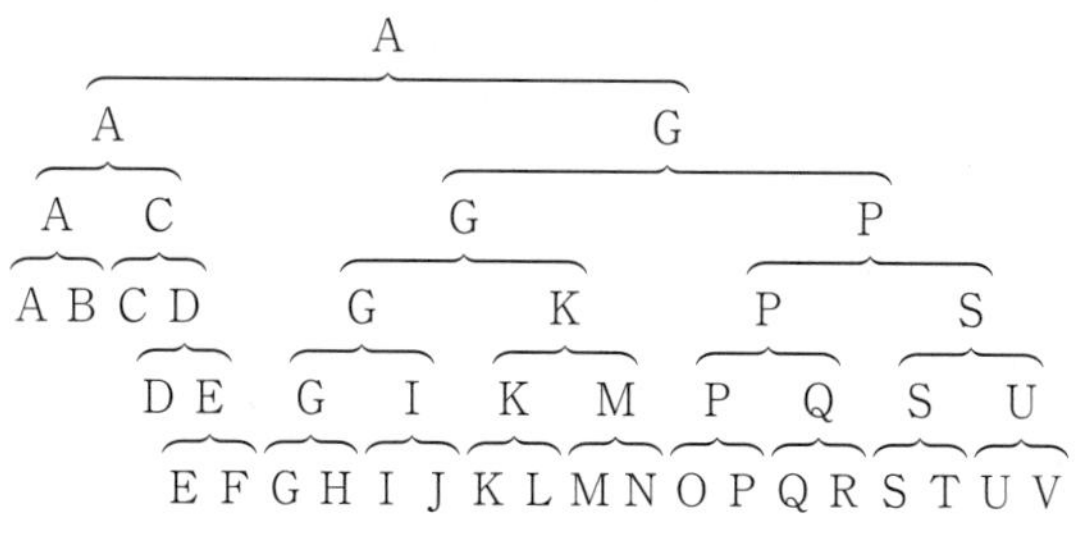

みれば、試合数はやはり二十一であることに違いはない。
こうなってみると、このほかにもいろいろな編成法がないとはいえないし、そういうものをいちいち考慮していては、とてもやりきれない。とうとう兜を脱いで教えをこう、という羽目に立ち至ってしまった。

四

さて、試験官の言うところを聞けば、次の通りである。

引き分けや中止試合は考えない約束だから、とにかく一試合ごとに敗退校が必ず一つ出る。すなわち、一つの試合があれば、必ずこれに対応してその試合の敗退校なるものが一つ定まるのである。ところが、また一方において、勝ち抜き試合である以上、一度負けた学校はもうそれで出場権を失うのであるから、どの学校もただ一度しか敗退する機会がない。すなわち、一つの敗退校があれば、これに対応してその学校が敗退した試合がただ一つというふうに定まっている。

つまり、一つの試合には一つの敗退校、逆に一つの敗退校には一つの「恨みの試合」という具合いになっているから、試合の数と敗退校の数とは等しくなければならない。たとえば、わが国のように一夫一婦制の国では、一人の夫にはその妻が一人、逆に一人の妻にはその夫が一人というところから、日本中の夫の数と妻の数とが等しいというのとまったく同じ理屈である。

こう考えてくれば、試合の数を知りたいときには敗退校の数を勘定すればよいことがわかる。ところが、勝ち抜き試合で負けない学校といえばいわゆる優勝校ただ一つなのだから、敗退校の数は参加校の総数から一を減じたものにほかならない。かようなわけで、甲子園大会の試合数は、学校数二十二から一をひいた二十一ということになる。この数は、大会が勝ち抜き方式によるかぎり、どんな試合編成をしても変わりはない。と、まあだいたいこういうような話であった。

きいてみればまさにその通りで一言もない。仕方がないから、おとなしくしていると、試験官は図に乗ったと見えて、「数学者というものは、なんでもない簡単なことにわざわざ面倒くさい計算をやってみるのがよほど好きだと見えるね。」と言って、にやりにやり笑っているのである。

五

試験に落第したからには、いくら威張られても文句はないのであるが、しかしそうかといって、数学者はただいたずらに面倒な計算をすること以外に能がない、と思い込まれても、少々困るのである。実をいえば、試験官がいま述べたような考え方は数学者にとってはむしろ得意といってもいいくらいの考え方なのであって、これに思い至らなかったのは筆者としては一代の不覚であった。

一つの試合に一つの敗退校、一つの敗退校に一つの試合、というような場合に、数学者は、試合全体と敗退校全体との間に「一対一の対応がつけられる」という言葉を用いる習慣になっている。試験官のあげた例をもう一度援用すれば、日本中の夫全体と妻全体との間には、一対一の対応がつけられるということになるわけである。

試合と敗退校というように二種類のものがあって、その間に一対一の対応がつけられるときには、この二種類のものの数が相等しいことはいうまでもない。というよりも、むしろ一対一の対応がつけられるような二種類のものの集まりがあるとき、その共通の量的な性質を表現するために案出されたものが、すなわち「数」であると考える方がより自然であろう。

原始人類がいかにして「数」の概念を得るに至ったかは、今からさだかに知る由もないが、いま述べたようにこれが一対一の対応という操作から生まれ出でたものであろうという推定は、ちょっとわれわれ自身の日常生活を振り返ってみてすぐうなずかれるところであろう。

たとえば、われわれは何かものを数えるときによく手の指を用いる。これは、いいかえれば、数えられるものと折り曲げた指との間に「一対一の対応」をつけていることにほかならない。

所により、また人種により、指の曲げ方の順序は一定ではないが、この指でものを数えるというやり方は、ひろく世界の人類の間に行なわれていることらしい。そして、ある学者の調査によれば、たとえば、ベルギー領コンゴのある種の土人の言葉では、数詞一は小指、二は無名指、三は中指と同意語であるという。そういえば、英語のdigitという語も「指」という意味と「数字」という意味とをもっていることが思い出される。こうした事実はさきに述べた推定を裏書きするものといえるであろう。

ただ、原始人類の知能が次第に発達して、指を折り曲げることからついに数という概念に到達するまでの道程は、けっして容易なものではなかったろうと想像される。ラッセルの言ったように「一つがいの雉子(きじ)と二日(a couple of days)とがいずれも等しく二という数の実例にほかならないということを人類が悟るまでには、よほどの長年月を要した」にちがいないのである。

しかし、また一方から考えると、かようにしてようやく数を覚えたばかりの原始人の頭には、数というものにあまりにも慣れきってしまったわれわれとちがって、数と一対一の対応との結びつきがまだ生々しく残っているので、さきに述べたような試合の数の問題の解法など、ひょっとすると、彼らの方がかえってたやすく思いつくかもしれない、とも思われるのである。

ともかくも、数というものが一対一の対応から生まれ出たものとすると、数学の各方面にこの一対一の対応なるものが重大な役割を占めているとしても、べつだん不思議はないであろう。事実、今日の数学からもしもこれを取り去ってしまったなら、あとに残る数学はおそろしく貧弱なものになってしまうに相違ないのである。

六

さて、一対一の対応から発生する数は、一、二、三、四等いわゆる(正の)整数であるが、数学者はこれをまた「自然数」という名でもよんでいる。クロネッカという数学者によれば「自然数は神がつくりたもうた、ほかの数――たとえば分数、無理数など――は人間の所産である。」というが、それはともかくとして、自然数が数学の根幹であることだけは争われない。

ところでいま「一、二、三、四等」と書いたが、この「等」という字はきわめて含蓄が深いのである。仮に数字を四まででとめないで五まで使うにしても、自然数全体を指そうとするには、やはり、「一、二、三、四、五等」と「等」の字を入れなければならない。いや、たとえ一から百億まで数字を書き並べたにしても、最後に「等」の字か何か類似の記号を書いておかないことには、自然数全体を指し示すことができないのである。このことは、いいかえれば、自然数は限りなくたくさんあるということを意味する。

原始人が一対一の対応ということから自然数を思いついたとき初めて得られた自然数は、もとより二とか三とかいう小さい自然数ばかりであった。現にアフリカ土人ブッシュマンの言語では数詞は一と二とにとどまって、それからさきはただ「たくさん」という語しかないということである。

しかしながら、いったん人類が自然数の概念を獲得すると、長い年月の文化の向上とともに、その用いる自然数は次第にその数を増して、ついには無限に多くの自然数を考えざるを得ないところにまできてしまう。われわれは、自然数を順々に書き並べたとき、その最後の位置に位すべき最大の自然数が存在するとはどうしても考えられない。ブッシュマンにしてからが「たくさん」というとき二よりも大きい数をおぼろげながら予想しているのである。いかに大きな自然数が与えられようとも、これに一を加えたさらに大きな自然数が必然的にわれわれの頭に浮かび上がってくるのであって、無限に多くの自然数を考えるということは、あたかもわれわれ人類に課せられた宿命の一つとさえ思われるのである。

七

こうしてわれわれはここに「無限」というものに当面するわけであるが、無限なるものはこういう形ばかりでなく、数学の各方面において種々様々の形で現われてくる。ただここで注意しなければならないことは、いずれにしても、われわれの経験の世界においては「無限」はけっして現実に現われてこないということである。ものの譬（たとえ）にいう「浜の真砂」もその数が幾億の幾億倍あろうとも、それはやはり幾億の幾億倍という数であって、これではけっして無限に多いとはいわれないのである。

ところで、無限なるものは単にわれわれの現実を超えるばかりではない。実はこれを考えることさえなおも多くの困難がともなうのである。

改めていうまでもなく「限りがない」ということは完結していないことを意味する。したがってここにいかにも不安なつかみどころのない感が生ずることは否（いな）みがたい。これは、何事につけても安定な調和の相を要求するギリシャ人にとっては堪えがたいところであった。

いや、ギリシャ人に限らず、以来二千余年を経た今日においても「無限」にまつわるさまざまの困難は、いまだに数学者たちを悩ましているのである。しかも「数学は無限を扱う学問である。」と言った学者もあるくらいで「無限」なしには今日の数学は考えられない。こういうふうに経験を絶した「無限」というものを考えるために数学者がかかる窮境に彷徨するのも、あるいはアダムが知恵の木の実を味わったゆえの報いの一つででもあろうか。

こういう厄介な「無限」というものに当面したとき、これにともなう困難を克服しようとすれば、われわれの採るべき態度としては次の二通りしかないであろう。すなわち、「無限」をあたかもタブーのごとくに扱ってできるだけこれに近づかないように努める消極的態度か、しからずんばあらゆる困難に目をつぶって、遮二無二大胆に無限を駆使しようとする積極的態度か、いずれかであろう。

ギリシャ人のとった態度はいずれかといえば前者の消極的態度であった。そして、十七世紀にニュートン、ライプニッツが微分積分学を導入して無限算法が盛んに用いられるようになって以来、多くの解析数学者がとった態度はまさに後者の積極的態度であったといえるのである。こういう近代数学者の奔放な探求はたしかに数学を豊富ならしめ、ひいてはほかの自然科学に幾多の貴重な貢献をもたらした。と同時に、無反省な「無限」の駆使によって、ときとして誤った結果が現われてくることもまたやむをえなかったのであった。

この傾向も十九世紀に入るとともに、コオシイやワイヤストラスなどの厳密性への追求によって次第に是正せられ「無限」そのものを巧みに回避することによって、「無限」にともなう困難の問題もやや小康の状態に達したかに見えはじめた。

かかる時代に、いままでの先蹤(せんしょう)をうちやぶって無限そのものを犀利(さいり)な推理によって直接分析しようと企てたのが、ロシア生まれのデンマーク人ゲオルク・カントルであった。そしてこの目的のためにカントルの第一に用いた武器といえば、ほかならぬ「一対一の対応」の考えなのであった。

こういう簡単な考えから出発したカントルの「集合論」は着々としてその威力を発揮し、いままで曖昧模糊としていた「無限」もようやくその本性が明るみに引き出されようとするに至った。かくて、集合論はついに輓近(ばんきん)解析学の根底を形づくるほどの勢いを示したのであるが、ただ不幸にして、この理論は間もなく容易にうち克ちがたい矛盾撞着(どうちゃく)の障害に逢着することを免れなかった。

この障害をいかにして除去するか、これについては幾多の数学者によって実に異常な努力が費やされたものであった。しかも今日に至るまでこの問題は解決されていないのである。

こういう事態は「万学の女王」と称せられ確固たる基礎の上に立つかに見えた数学の自信を根底からゆるがすものであった。かくて、これを機縁として、無限を取り扱う数学が在来の推論の方法を無制限に駆使することに危険信号が発せられ、その確実性を再検討しようとする傾向が現われはじめた。そしてこの傾向は今日ついに「数学基礎論」と称する堂々たる数学の一分科にまで発展するに至ったのである。このことはいいかえれば、かような一分科を必要とするほどにまで、「無限」の問題はわれわれ数学者を執拗に悩ましつづけていることを語るものにほかならない。

八

少しく話が肩の凝る方面にかたよりすぎてきたようである。このへんで、われわれの身近なところから、一対一の対応に関係あることをとりあげてみよう。

時局の関係から、筆者のような閑人も近頃地図を眺める機会がだいぶ多くなってきたが、いったい地図とはなんであろうか。いうまでもなく、地球の表面を平面上の紙面に移したものであるが、これを別の言葉でいいかえれば、これも地球上のあらゆる点と紙面の上の点との間に一対一の対応をつけたものにほかならないといえる。

　このように地図は球面を無理に（？）平面の上に写像したものであるから、たとえば、地球の上の島は地図の上にそのままの形でうつされないとしても不思議はないであろう。実は、地球上の二点間の距離と地図上においてこれに対応する二点間の距離との割合は、その二点の在り場所によって著しく不同があるのである。

　いま、「世界全図」と銘をうった地図をとり上げてみよう。（こういう地図はたいてい「メルカトール投影法」という方法によって地球を紙面の上に写像したものである。）たとえば、赤道の近くに南北に十キロメートルを隔てた二点をとったときと、北極の近くに同じく南北に十キロメートルを隔てた二点をとったときとを比べてみると、「世界全図」のうえでの距離は後者の方が途方もなく大きいのである。世界地図において緯度を表わす線の間隔が赤道から遠ざかるにしたがって次第に広くなっているのはこのゆえにほかならない。シベリアやグリーンランドが地図の上から感ぜられるほどには実際の面積が大きくないことを、読者はしばしば耳にせられたことと思う。

　距離に関してはかような不便はあるが、これに反して地球表面上の角度は地図の上にもそのままうつされる。たとえば、二つの河が三十度の角度で合流しているときは、地図の上においてもこの二つの河の図は三十度の角度をなすのである。

地図のもつこの性質はきわめて重要であって、こういう性質の対応を数学者は特に「等角」な対応と名づけている。たとえば、海図が航海用に役立つのも、一つにはこの性質にもとづくのであろう。

等角な一対一の対応は地図の場合に現われるばかりではない。これについて詳しく語るいとまはないが、ただこういう等角な対応というものが、飛行機の翼の理論にまで重大な関係を有することだけを付言しておこう。

九

地図についてもう一つ注意すべきことは、地面上の相近接した二点は地図のうえでも相近接し、逆に地図の上で相近接した二点は地面上の相近接した二点を表わすということである。一般に、こういう種類の対応を数学者は「相互に連続」な対応とよんでいるが、この言葉を用いれば、地図と地球表面との間の対応は、すなわち「相互に連続でしかも等角な」対応ということになるであろう。

いま、地図の問題をしばらく離れて、ゴム毬を指でおさえていびつな形にした場合を考えてみる。この場合にも、最初の球形をなしていたときのゴム毬の表面の点と、いびつになった後の表面の点との間には、ゴム毬が破れないかぎり、相互に連続な一対一の対応が成り立つであろう。ただし、この場合指のおさえ方のいかんによって、この対応は必ずしも等角にはならない。

ところで、最初にゴム毬の表面に鉛筆でなんでもよいから輪形の曲線を描いておいたものとすると、この曲線がゴム毬の表面を二つの部分に分かつことは明らかであろう。しかも、この曲線のこういう性質は毬をいびつにした後も、そのまま残っている。詳しくいえば、形こそ変わっても、この曲線はやはり輪形の曲線であって、毬の表面を二つの部分に分けていることにはなんらの変わりはない。

こういうふうに、相互に連続な一対一の対応を行なっても常に変わることのないような性質、こういう性質が最近に至って特に数学者の注目をひくようになって、ついにこれを研究するために位置解析学と称する最も近代的な数学の一分科が建設される機運が導かれてきた。位置解析学は今なお発展の途上にあるが、一対一の対応という一見簡単な考えも、こうなってみると、なかなかばかにならないことが悟られるであろう。

この位置解析学において最も有名な問題の一つに、いわゆる「四色問題」なるものがある。これは地図の染め分けの問題であって、地図の上において境界線に沿って隣接する二つの国が必ず異なった色で染められるようにするには、幾色の絵の具があれば十分であるか、というのである。これに対しては四色の絵の具で足りるということが推測され、また実際いままでいかなる領土分割を想像しても、四色で染め分けられない実例をつくることは不可能であった。この推測はほとんどすべての数学者が支持するところなのであるが、どういうものか、多くの有能な数学者の努力にもかかわらず、この推測はいまだに証明されるに至らないのである。

今日のように世界が多くの国々に分かれている間は、地図を染め分けるにも必ずしも色を四種類に限定する必要はないから、四色問題は実際上の切実な問題にはならない。しかし、近頃の形勢では、いずれそのうちに大がかりな地図の塗り替えが行なわれることが予想される。かくして今後幾百年幾千年と世界歴史の進展するとともに、ついにはどうしても地図を四色だけで染め分けなければならない時代がこないともかぎらない。そのころまでには、この四色問題もわれわれの推測通りに解決されているであろうか。それともまた、そのときになって実際地図の作製にとりかかってみると、国土接壌の具合いが悪く、われわれの推測に反して、四色では間に合わないというような事態があるいは見られもするであろうか。

こんな想像も、縁台の涼み話の種にはならないであろうか。

（一九四〇年八月）

前後賞の謎

この間ラジオのニュースを聞いていたら、宝くじの当選発表が耳に入った。これを聞いて、わたしは、かねてから宝くじについて抱いていた一つの疑問を思い起こした。実は疑問というのさえも大袈裟なくらい他愛もないことなのだが、やはり気にはなるので一つ書いておこう。

だれでも知っているように、宝くじには前後賞というものがある。いうまでもなく、百万円の当たりくじと一つだけ番号のちがう札にも何万円かの賞金が割り当てられる制度のことであるが、この制度は、一応、たいへん人情にかなった親切な制度であるように思われる。

仮に、たとえば百万円の当たりくじが三五二七六であったとしてここに三五二七五の番号の札をもっている人があるとしてみる。もし前後賞という制度がないとすると、たった一つの番号の違いでその人はまるまる百万円をもらい損なったことになる。まことに惜しいことをした――その人はきっとそう思うにちがいない。前後賞のまたの名「残念賞」というのも、こういうところからくるのだろう。いかにももっともな制度だ――わたしはそう思っていた。

ところが、いつかある人が宝くじの当たりくじの決め方を説明してくれたことがあった。この説明によると、当たりくじの番号は万位の数、千位の数、百位の数、十位の数、一位の数をそれぞれ別々に決めるのだそうである。なんでも0から9までに区画された円盤をくるくるまわしておいて、その前に立った若い女性が弓をひきしぼって矢を射ち込む、そのときたとえば2の区画に当たったら、まず万の位の数字は2ということにする。次に同じような別の円盤に矢を射ち込んで今度は千位の数を定める。順々にこうやって当選番号が決まるということであった。

これを聞くと、「少し変だな。」という考えがふとわたしのあたまをかすめた。当たりくじの定め方そのものに文句があるのではない、ただ前後賞の意味がよくわからなくなったのである。いまの説明によると、万位の数字の決め方も、一位の数字の決め方も、まったく同じで少しもちがったところがない。だから、仮に当たりくじが三五二七六なら、万位の数が一つだけちがう四五二七六にも前後賞と同じ資格で賞金を割り当ててもよさそうなものだ。なにも一位の数字のところだけを特に優遇する理由はないだろう――そんな気がしてきたのである。

こんな話を人にしたら、たいていの場合一笑に付されてしまった。

「前後賞というのは、三枚つづきや五枚つづきの宝くじを買わせるように仕向けて売り上げを多くしようとする販売政策だよ。それが証拠に、一時前後賞を取りやめたら売り上げが思わしくなかったので、また復活したのでもわかるじゃないか。君のように理詰めに考えるのは正直すぎる。」

こう言ってある人はわたしをさとしてくれた。

またある人は、徳川時代に行なわれた富くじの例をひいてわたしの蒙(もう)をひらいてくれた。富くじの場合、当たりくじの決め方はきわめて単純で、あらゆる番号のついた木の札をよくかき混ぜておいてから、目かくしをした子供に錐(きり)かなにかで当たり札を一枚突かせるだけなのだそうである。宝くじの場合とはぜんぜんちがうのだが、それでも富くじにも「両袖」と称して前後賞の制度があった――だいたいこんなような話であった。

販売政策云々の話はわたしの疑問の解決にはなんの役にも立たない。わたしの疑問は、販売政策であるにせよ、ないにせよ、前後賞という制度が平気で行なわれ、発行者の側も買手の側も少しも不思議に思わないのはなぜか、というのだからである。富くじの話は、ただ、わたしの疑問をますます濃くするばかりであった。

聞くところによると、宝くじを買う人は番号のより好みをするということである。してみると、番号が一つちがって残念だというのは、「あのとき隣の札を買えばよかった。」という気持ちなのかもしれない。こう考えれば前後賞にも一つの説明がつく――一時わたしはそう考えたこともあった。あるいは、また、たった一票の差で落選したときの口惜しさからのアナロジーかしら――こんなことも考えてみた。

しかし、また考え直してみると、この前後賞の制度の成立は、一つの錯覚にもとづいているのではないかという気もしてくる。数字のうえでのたった一つの差というきわめて表面的な「小ささ」をあたかも実質的にも小さいことのように考えて、それから生ずる運命の差も小さいはずだと、あたまから決めてかかっている――これがそもそも錯覚ではないだろうか。

こんなにして、いろいろ考えてはみたのだが、結局のところはよくはわからない。ある人からは「なにをくだらない。人生にはわからないことがたくさんあるさ。」とやっつけられた。まさにその通りである。もう考えるのはやめにしよう。

（一九五一年四月）

出鱈目（でたらめ）

あるとき、友人から妙なことをたのまれた。

直径十センチメートルばかりの円の中に、「出鱈目」に点を三十ほどうってくれ、というのである。そういうものを五つか六つ作ってもらえれば、なおさら有難いが、と言われた。

なんでもないことのように思って、すぐさま引き受けた。まず、机の上に紙をひろげて、コンパスで円を描き、よいほどのところに鉛筆で点を一つうった。

ここまではよかったが、さて第二の点をうつときになって、ちょっと迷った。「出鱈目」という以上、今度の点が最初の点と同じ直径の上にあったり、同じ同心円の上に載っていたりしては、具合いが悪いような気がしたのである。

三番目の点をうつときには、いままでと同じ用心をしたうえに、さらに、三つの点が同じ直線上にないようにとか、正三角形の頂点に当たる位置にないようにとか、ほかにいろいろと用心すべき種がふえて、「出鱈目」にするのがだいぶ苦労になってきた。

こうして、ともかくも、十ぐらいも点をうったであろうか。私は、もう、すっかり気疲れがして、とうとう途中で投げ出してしまった。

気疲れがしたばかりではない。実は、いままでのやり方に疑問が起ってきたのである。つまり、ああいうふうにいろいろ気兼ねをしながら点をうっていったのでは、ほんとうの「出鱈目」な点の分布が得られそうにもない、まったくの「出鱈目」ならば、ときとして、三点が同じ直線の上に載っていることもあり得ようではないか、とそんな気がし出したのである。

そうすると、今度は、「出鱈目」とは何か、ということが、急に気になってきた。

さきほどの点のうち方は、いわば、少しでも規則的なところがあっては「出鱈目」でなくなる、という考えで行なったものである。しかし、わざわざ、規則をはずれるように――たとえば、三つの点が同じ直線の上にないように――按配するのは、結局、「規則にはずれる」という規則にはまっていることになりはしないか。少なくとも、わざとらしいことを免れない。これでは、かえって、人為的で、出鱈目ではなくなってしまう……

ここまできて、私は、「出鱈目」というのは人為的でないことを意味するのではないか、と思い当たった。

もし、そうだとすると、円内に点を三十も「出鱈目」にうつなどということは、とうてい、私のよくするところではなくなってくる。友人の注文は、最初からできない相談なのであった。少なくとも、私が人間であるかぎり、私のすることは、どうしたって人為的であることを免れない。したがって、「出鱈目」は、自然の中以外には求められないということになる。

強いて、たのまれた仕事をやり遂げようとすれば、なるべく、人為的なところの少ないような方法――いいかえれば、なるべく、自然に近い方法を採っていくほかはない。たとえば、仁丹を三十粒一握りにして、これを紙の上にまきちらして、仁丹の落ち着いたところに点をうっていく、というのも一法のようである。こういう「実験的」方法を用いれば、どうやら「出鱈目」に近い点の分布が得られるかもしれない。

実際試みようかとも思ったが、あいにく、手許に仁丹がないので思いとどまった。もっとも、実際にやってみたら、仁丹の粒の中には円の外にころがっていくものもあろうし、これを防ごうとすれば、また「人為的」な要素が加わってくるおそれがないでもない。なんにしても、この問題は、骨ばかり折れて、どうにもならなかった。

そこで、似た問題で、もう少し手頃なのはないだろうか、と考えてみた。少しこしらえもののきらいがあるが、次のようなのはどうであろう。

すなわち、1から6までの数字だけを使って——必ずしも、全部を使うには及ばない——三十桁の数を「出鱈目」に書いてみろ、というのである。

この問題も、少なからず人を迷わせる。「出鱈目」の意味をはっきりさせないと、どういう数を書いたら「出鱈目」な数に見えるか、なかなか見当がつかないのである。しかし、「出鱈目」をいかに定義するにしても、少なくとも

111112222233333444445555566666

というような数では、「出鱈目」な数であるといえない。なんとなく「出鱈目」な数という感じがしないのである。おそらくこれは、1から6までの数字があまり規則正しく並びすぎているところからくるのであろう。しかし、そうかといって、なるべく規則にはずれたように書こうとすると、やはり、ひどく骨が折れるし、それに、さきほどと同じような疑問がまた起こってくるのを抑えられない。

そこで、結局、前と同じ考えから、「実験的」方法を採ろう、ということになるが、それには骰子(さいころ)を使うのがいちばん都合がいい。骰子ならば、子供がもっているので、さっそく借りてきて、これを三十遍振って、出てきた目を順々に書き並べてみた。すると、

554342511233655212611365552132

という数になった。これで、どうやら、「出鱈目」な数が得られたようである。いいこと

には、数字の排列は、そう規則正しくもないし、そうかといって、むやみとわざとらしい規則はずれをうかがった形にもなっていない。

肝心のたのまれた仕事は駄目になったが、それと似た問題をひと通りしおおせたので、「出鱈目」の問題もどうやらきまりがついたような気持ちになって、ゆっくりと煙草を一本くゆらしてみた。

ところが、しばらくたつと、なんとなく不安な気持ちが湧いてくる。まだ「出鱈目」の問題はわかっていないのだ、という声がどこからか聞こえてくるのである。

よく考えてみると、まだまだ問題が残っていた。

さきほどは、骰子を振って、運よく「出鱈目」らしい数が得られたが、もし万一、1から6までの数字が行儀よく並んだ数が出てきたら、どうしよう。骰子を振って、最初の五回は1の目ばかり、次の五回は2の目ばかり、……というふうに順序よく目が出てくることが絶対にないとはいえない。そういうときには、

111112222233333444445555566666

という数は「出鱈目」な数である、というべきであろうか。これは、われわれの漠然ともっている「出鱈目」の概念と相容れない。どうも、困ったことになった。

この際、ただ一つの逃げ道は、いまのような行儀のいい数字の排列は、骰子を振っては、

めったに得られない、というところに見出されるかもしれない。

しかし、考え直してみると、さきほど得られた「出鱈目」らしい数も、めったに出てこないことは同様である。現に出てきたではないか、と言われれば、それまでであるが、しかし、最初から

554342511233655212611365552132

という数を指定しておいて、骰子でこれを振り出そうとすると、これは容易に得られるものではない。得られなさ加減は、行儀よく数字の並んだ数の場合と少しも変わりがないのである。


このことは、次のように考えてみると、よくわかる。

まず、1から6までの数字だけでできる三十桁の数を全部とり出して、いちいちこれを別々のカードに書き込んでおく。もっとも、億とか兆とかいうふうな言葉ではとうてい表わされないほど途方もなくたくさんのカードを作らなければならないから、実際には人力では不可能であるが、仮に書き込みができたものと考えるのである。そこで、これらのカードをよくかきまぜて、その中から一枚をとり出してみる。いわば、富くじと同じことをやってみるのである。

骰子を三十回振って、三十桁の数を出そうとするのは、実は、この富くじとまったく同

じことをやっていることなのである。してみると、その中からどの数が得られるかは、まったくチャンスが同等である。あらかじめ数を指定しておくかぎり、それが行儀のいい数であろうとなかろうと、その数の得られなさ加減——得られ加減といっても同じことになる——は、まったく同等であるにちがいない。つまり、行儀のいい数も、行儀の悪い数も、人為的でないという点では、べつだんなんらの甲乙がないことになる。

　これでは、「出鱈目」を単に「人為的でない」という意味に解しては常識に反してくる。結局、もとに戻って、規則的でないのが「出鱈目」なのだ、というべきなのであろうか。

　そういえば、仁丹の粒をまきちらしたときにしても、これがたとえば麻の葉模様の形に並ぶことがないとはいえない。しかし、麻の葉のような奇麗な形に並んだものを「出鱈目」な分布であるとは、どうしても言いがたい。やはり、規則的でないのが「出鱈目」なのであろうか。どうも、わからないことになった。

　そこで念ばらしに、「大言海」で「出鱈目」という語を引いてみた。すると、

　　法ニモ理（スジ）ニモ当ラヌ仕業ナドスルコト。出マカセナルコト。

と書いてある。これでは、規則的でないという意味にもとれれば、また人為的でないという意味にもとれる。いずれにしても、はっきりした意味はわからない。

　その後、友人に会ったとき、しかたがないから、たのまれた仕事はできない、と言って

断わった。ただ断わるわけにもいかないので、いままで書いてきたようなことをひと通り話してみた。

すると、友人は、「どうも、君はものをむずかしく考えすぎるね。」と言って、いきなり、机の上の紙に円を描いて、眼をつぶったまま、鉛筆で紙の上にポツン、ポツンと点をうちはじめた。ときどき、眼を開いては円の中に落ちた点の数を勘定して、それが三十になるまで続けていく。そうして、でき上がった図を私に突きつけて、「こうやればわけないじゃないか。」と言って笑っているのである。

私は、呆気にとられて見ているばかりであった。そして、なんのためにそんな仕事を私にたのんだのか、それをたずねることさえ忘れてしまったのである。

（一九四二年一一月）

アランと数学

ヴァレリとかアランとかいえば、いずれもわが国の読書界にもなじみの深い名前である。読者のなかにはこれらの人の書いた本を読んだ人も少なくないことと思われる。

聞くところによると、ヴァレリはある時代すべてをなげうって数学に専心したということである。どういう数学を勉強したか、またその数学が彼の思想にどんな影響を与えたか——この疑問は数学にたずさわるものにとって好奇心をそそること大なるものがあるが、不幸にしてわたしはそれをつまびらかにしない。実をいえば、ヴァレリをほとんど読んでいないのである。

一方のアランについても、戦争中にその「教育論」の訳本をぱらぱらとめくって拾い読みをしたぐらいであったが、このごろその著《L'histoire de mes pensées》（わたしの思想の歴史）というのが手に入ったので、アランを今度初めてしみじみと読んでいる。ヴァレリのように数学に熱中したことはないにしても、アランにとっても数学は大きな関心事であるらしく、ところどころに数学についての感想なり意見なりが出てくる。そのうちの二、三を断片的に拾い出してお話ししよう。

アランがはじめて幾何学に接したのは中学校第四級のときであるが、これを教えてくれた先生は幾何学がさっぱりわかっていなかった。教え方は、まず、黒板に図を描いて、そのあとで教科書にある証明を高々と読み上げる。そのうえ、本に書いてあること以外に先生のすることといえば、定理の終結を定木とコンパスとで確かめてみることだけである。ユークリッド流の論理的証明の意味は先生には少しもわかっていない――少年のアランにはこのことがありありと感ぜられた。

幾何学をわからずに幾何学を教える先生は、なんといっても、ひどい先生といわなければならない。今日のわが国にそういう先生があろうとも思われないが、アランの少年時代は、末葉近くではあっても前世紀のことであるし、いかに「先進国」フランスでもこういう先生も存在し得たのでもあろう。

もっとも、この先生自体は言語道断であるにしても、こういう教え方そのものについては、賛否いろいろの意見があり得ることと思われる。証明などということにやかましくこだわらずに、定木やコンパスで正確な図を描くことによって、まず、図形にしたしませることが大切であるという意見の人もあることであろう。あるいは、現在の中学校での図形の扱い方はこれに類しているともいえるのかもしれない。そういえば、アランは、すぐそのあとに、次のようなことを付け加えて述べているのである。「このとき、わたしは幾何学ならぬある種の幾何学の生まれるのをみた、と同時にもう一つの幾何学――ほんとうの幾何学のあることを感づいた。わたしはそれに感づいて、稲妻のようにそこに何か新たな美しいものを見たのであった。このことは、その後もう一度ほかの中学校の第四級に入ったとき、心ゆくまで確かめられた。」

それならば、二度目の幾何の先生はどんな先生であったか。「この中学校でわたしはついに細心な先生によって幾何学を教えこまれた。この先生は経験を超えた証明の意味をよく心得ていた。まず図を描きその前に立ってゆっくりとひとりしゃべるのがこの先生の流儀であった。われわれ生徒のすることといえば、先生のいとも用心のいき届いたお話をよく覚えることであって、先生はその一言一句をも変えることを許さなかった。」

どうも、アランに幾何学を教えた先生はそろいもそろって変わった先生ばかりのようである。あとの方の先生は実力のある立派な先生なのであろうが、一言一句先生の言った通りに覚えるということは生徒にとってはひととおりの難儀ではない。わたしは、幾何学ではそういう経験はないが、語学の先生でそういう方があって、ずいぶんと苦しめられたものであった。アラン自身も、おそらく、難儀をしたことと思われるが、彼はそういうことには少しも不平を言わないで次のように書きつづけているのである。

「わたしとしては、理解するということにかけてなら、たちどころに（先生のいうことを）理解してしまうのであったが、わたしは、このとき初めて言葉遣いというものに注意を集中するようになったのであった。『なんとなれば』『したがって』『それであるから』というようなつなぎの言葉に心をとめるようになり、また、曖昧さなしに、しかもできるだけ少ない語で事を表わすことに興味をもつようになった。さらには、できるだけ少ない字数の言い方を好むというところまでいってしまった……」

これを読むと、だれしも高等学校学習指導要領（数学科）の一項目を思い起こすことと思われる。そこには、幾何学の一般目標の6として

「日常生活においても、物事の筋道や数量についての関係を示すのに、簡潔な表現を用いる態度を養う」

と書かれているのであるが、二度目の先生がアランに与えた影響はまさにこの一般目標の線に沿うものであったといえるであろう。

昔とちがい、今日の高等学校では数学についても選択制が行なわれて、なかには幾何学を習うことなしに卒業してしまう生徒も絶無ではないことになってしまった。そういう生徒は、結局、一般目標6で強調されているような訓練を得る機会を失ったことになるので

あるが、これはまことに残念なことであるといわなければならない。

旧制の中学校においては、いうまでもなく、幾何学――特に演繹的な幾何学は必修科目になっていて、中学校の門をくぐるほどの人はだれでも一度はこれを学ばないわけにはいかないようになっていた。そして、アランとまったく同じとはいわないまでも、幾何学からアランが受けたのと類似したような影響を多少なりともこうむったものであった。政治家や文人のなかに、ときとして、中学校で数学を習ったことがなんの役にも立たないといって非難する人があるが、そういう人たちも実はいま述べたような意味で、幾何学から自然と影響を受けているのに、ただそれに気がつかないでいるのではないであろうか。

ある人は、一歩をすすめて、今日の日本語の言いまわしのなかには幾何学から受けた影響が顕著なものがあるとさえ言っている。「日本語の文章は元来響きとか匂いとかいう情緒的なものでつながりあって進展するのが常であって、もともと理論的な表現には不適当な言葉であった。議論を表現する文章においてさえ、論理よりも、むしろ、さきに述べた情緒的要素がその筋を構成していた。今日、もし日本語で理論的な表現が以前よりも容易になっているとすれば、そこには明治以降中等教育に導入された幾何学の影響をみないわけにはいかない。」というのである。文字通りこの人のいうごとくであるか否かはあるいは問題かもしれないが、ともかくも、いうところの影響が多少ともあったということだけは、あながち否定できないであろう。

わたしは近頃高等学校における教育一般がいかにして行なわれているかをよくは知らないが、昔わたしどもの少年時代に「つづり方」とか「作文」とかいう名で課せられた科目は、今日どういうふうに扱われているのであろうか。「何事も生徒の生活に即して」というのが近頃の合言葉であるが、ことによると、作文もまた、生活の表現、したがって描写といった方面に全力がそそがれているのではないであろうか。もし仮にそうであるとすると、前記一般目標6の意義は特に重大となってくるといわなければならないであろう。それに目標6自身「生活」からかけ離れた目標ではけっしてないのである。

アランにかこつけて、少し余計な議論めいたことを思わず口ばしってしまったようである。アランのあの本には、数学に関連してもっといろいろ興味深いことが書いてある。実は、わたしはまだ読みかけの途中なのであるから、さきへ読み進めば、いままで読んだ以上にさらにおもしろいことがでてくるのかもしれない。昨秋あたり、この本の翻訳も世に現われたように聞く。数学の本ではないのではあるが、数学の先生方にも一読をおすすめしたい。益するところはけっして少なくないであろう。右に述べたのはその片鱗の紹介——それも、きわめてつたない紹介にすぎない。アランの本自身はもっとずっとおもしろい本なのである。

（一九五二年三月）

札幌方言覚書

札幌に引き移った当座は、初めての地方住まいなので、なにかにつけて勝手のちがうことが多かった。たとえば、札幌は標準語で方言はないと聞かされていたのだが、その「標準語」でまごついた。

あさ、学校の行きがけに知り合いの家にはじめて立ちよって、取り次ぎの女中に「ご主人はもうお出かけですか。」ときくと、「いらっしゃいました。」と言う。「では、いずれまた。」と言って帰りかけたら、わたしの声を聞きつけたものか、当の主人が奥からとび出して来て「いや、お早うございます。なんのご用で。」という挨拶である。「いらっしゃいました。」というのは「いらっしゃいます。」の意味であったらしい。

また、あるとき、某官庁に電話をかけて、Aという人を電話口によんでくれるようにたのんだ。やがて、受話器を手にとる気配がしたかと思うと、いきなり「Aでした。」と言う。「Aです」という意味なのであろう。わたしは「では、今のお名前はなんとおっしゃるので？」と冗談の一つも言ってみたいようなちょっと反感めいたものをおぼえた。

その後気をつけてみると、こういうふうに動詞の現在形のかわりに完了形を使うのは、札幌では別にめずらしいことではなく、しごく当たりまえのことになっていることがわかった。

もっとも、東京あたりでも、こういう言葉づかいが全然ないわけではない。たとえば、さがしものが見つかったとき「あった。」というのは「ある。」という意味なのであろう。ただ、東京では完了形はこういうように特定の場合に使われるだけなのに、札幌では始終使われるという点がおおいにちがうのである。

夜、人に出会うと、いきなり「お晩です。」と言われるのにもめんくらった。「今晩は。」に当たる挨拶なのである。女の人など、夜おとずれて来るとき、玄関できまって「お晩でございます。」とか、あるいは例の完了形で「お晩でございました。」というようである。

この「お晩です。」はおかしいと言ったら札幌生まれの友人から手ひどくやりこめられた――

「今晩は。」というのは「今晩はよいお晩です。」というべきところを、後半を略して前半だけを残した言い方だろう。これに反して「お晩です。」というのは前半を捨てて後半を残した言い方にほかならない。だから、どっちかが特におかしいなどという筋はないだろう。ぼくからみれば「今晩は。」の方がよっぽど異様に聞こえる。第一、国語では主語を省略するのが習慣なのに「今晩は。」などと主語だけをどぎつくとり出していうのは、言霊を傷つけるものというべきだろう……

まず、だいたい、こんなところであった。どうも理屈でねじ伏せられた形である。そのまま引っ込むのも癪にさわって、「だけど、ときどき『お晩でした。』とまるで前の晩のことみたいに言うのは、あれは、どういうんだい。」ときいてみた。すると、相手は、おとなしく「どうも、うまくないなあ。」と苦笑してだまってしまった。

この場合の「うまくないなあ。」は「そう言われると困ったなあ。」というぐらいの意味ででもあろうか。この「うまくない。」という言葉は札幌では、実に頻繁に用いられる。もとは、「まずい。」という言葉の婉曲な言い方で、東京なら「まずいこと。」というべきところを、「うまくないこと。」というのだとでも解釈できるのかもしれないが、実は、この言葉は、札幌では東京の「まずい。」とは比べものにならないほどさまざまのニュアンスを帯びて登場するのである。たとえば、ひとから何かたのまれたとき、ことわりの言葉はまずたいてい「うまくないですなあ。」である。また、何かしくじってあやまりに行ったとき「うまくないですなあ。」と言われたら、それは不快の念を表現する言葉と思ってまちがいない。こころよく許してくれないときのきまり文句なのである。まだ例をあげれば際限がないであろう。

「うまくない。」という言葉自身は立派な標準語だし、また東京でも、ときに実際使われる言葉なので、あまり気のつかない人が多いようであるが、一度これが気になりだすと、いやになるほど耳についてくる。

あるとき、東京の女高師を出て国語の先生をしている札幌生まれの婦人にいま述べたようなことを話したことがあった。その人は「そうでしょうかしら。」と少なからず不服そうな面持ちであったが、明くる日になって、またやって来た。「実は、あれからうちへ帰って気をつけていましたら、夕方まで二、三時間の間に、自分で『うまくない。』と四、五遍も言っているのに気がついてびっくりいたしました。やっぱり、先生のおっしゃったことはほんとうのようですわ。」とわざわざ報告しに来てくれたのであった。

＊

札幌の言葉については、まだまだ気づいたことがあったはずなのだが、印象の生々しいうちにノートをとっておくことを怠ったので十九年もの長い年月の間に、いつしか慣れて、たいてい忘れてしまった。ともかく、札幌で使われる単語で、東京とまったくちがうものはそうたくさんはないし、そういう意味では、札幌の言葉はたしかに標準語であるともいわれよう。ただ、言葉遣いの頻度とかニュアンスの多様性とかいうことを考えに入れると、札幌の言葉は立派な方言であるとも思われてくるのである。

この雑文は、おそらく、札幌のひとたちの目にもふれることと思われる。わたしは、ただ方言についての覚書を書いただけのつもりなのである。長い間暮らしてきた札幌について悪口でも言ったようにとられては、まことに「うまくない」。どうぞ誤解しないでいただきたい。

（一九五〇年一月）

数学と日本語

文芸書に比べればものの数ではないが、このごろ、自然科学の本、わけても一般向きのものがいろいろと翻訳されている。

昔とちがい、翻訳の技術もずいぶんすすんだもので、いくら読んでみても皆目わからないといったような困りものはあまり見当たらないようである。しかし、そうはいっても、本によっては読んでいくうちに、なんとなくひっかかって意味がよくとれないというようなことがないでもない。一つ一つの文（センテンス）はすらすらと訳されていてよくわかるくせに、文と文との間の意味のつながりがはっきりしないのにぶつかることが間々あるのである。

それでも、二、三度くり返して読むうちにわかってくるようなのはまだいいが、いくら読んでもわかったようなわからないようなといった場合には、なまにえの飯でもたべさせられたようでなんとも気持ちが悪くてやりきれない。ところが、たまたま、その本の原書が手に入ったときなど、その箇所をあけてみるとなにごともなくすらすらとわかってしまう。それでいて、翻訳の方でも、その前後の文一つ一つには誤訳らしいところなどは別に見つからない——こういった経験をもった人が案外多いのではないだろうか。

こんなところから、このごろでは、翻訳を読んでいてひっかかると、原文はあるいはこうでもあったろうかと、おぼつかなくも原文の像をあたまのなかにえがくことによって、解釈を試みることがある。ずいぶん怪しい語学力なのに、これで存外成功することもあるのだから妙である。

どうしてこんな現象が起こるか。

ある人は、もともと、日本語は理論的なことを表現するのに適しない言葉なのだからしたし方もなかろうという。なかには、日本語ほど筋道のはっきりしない曖昧な言葉はないとまで極言する人さえあるようである。それほどまでにいうのはどうかと思うが、また、たしかにそういう点がないとはいわれない。終戦直後、日本語をやめて英語に変えてしまえの、フランス語を採用しろのといった議論——なかには有名な作家による議論が行なわれたことがあったが、それもこんなところからきたのでもあろう。ついでながら、そういう議論をした人たちはいまでも本気になって同じ意見をもち続けているだろうか。明治のはじめごろホイットニーが森有礼に与えたという訓戒を思い出すまでもなく、わたしには、こういう議論は夢物語みたいな議論のような気がするのだが。

思わず横道に入ってしまった。話をもとにもどそう。さきほどの極端に日本語をけなす人の話を詳しく聞いてみたら、こんなようなことであった——

日本語の文章には、昔から、論理でつないで書かれているものがあまりない。いつも、語呂とか、もやもやとした雰囲気といったようなものが鎖の輪になって、話が進んでいく。前者の卑近な例はかけ言葉、また、俳諧連句のにおい付けなど後者の極端な例になるだろう。こういう非論理的な言葉をつかっているからには、日本人のあたまは、どうしたって、非論理的たらざるを得ない。あるいはまた、逆に、あたまが非論理的だから、自然、言葉も非論理的なのかもしれない。いずれにしても、日本語は理論的なものの表現には向かない言葉なのだ——と、こういうのである。

なるほど、もっともな意見でそのとおりなのでもあろう——と一応はわたしもそう考えている。実は、現在、わたしは数学の専門書を書きながら、どうにもうまく書けなくて困っているので、そういう意見に賛成したい気持ちになるのかもしれない。もとより、うまく書けないのは、わたしの不才のせいが多分にあるにちがいないのだが、それでもやっぱり、日本語そのものにも多少の責任があると考えたくなってくるのである。

ところで、どういう点で日本語が数学を語るのに不便かといえば、実をいえば、さきに引き合いに出した人の考えとは少なくとも表面上はあまりかかわりがない。ここで、いちいち具体的な例をとって数学屋が考えついただけの日本語の欠点らしいものをあげてみるのもいいが、そうするのには紙数も足らないし、それに、局外の人にはどうも迷惑をかけそうである。まあ、だれでも気のついているようなごく平凡なことを一つ二つあげておくにとどめよう。

まず、第一に、日本語には西洋の言葉におけるような関係代名詞や関係副詞がない。そのせいか否か、修飾する言葉が修飾される言葉にさきだって述べられる。これは、数学のように、留保条件のたくさんくっついた言葉がしじゅう出てくる学問でははなはだ具合いが悪い。修飾されるべき言葉を真っ先に出しておいて、さてそれからおもむろに修飾の言葉を長々と書くのでなければどうにも落ち着かないのである。

それから、もう一つ、日本語では理由を表わす文句が文のあたまの方に乗るのが普通であるが、これも、ときとして、おおいに不便なことがある。「……であるから」の……の部分が長すぎると、何を主張しようとしているのかがなかなかわからない。ところが、数学はいつも理由づけの連続であって、しかもその理由たるやむやみと長たらしいことが多い。したがって、前の修飾語の場合と同じように、まず結論をさきに述べてから、あとでゆっくり理由を述べるという段取りにした方が具合いのいいことがしばしば起こるのである。

　もっとも、いま述べたようなことも一長一短で、ときとして、日本語流の言葉の順序の方が都合のいい場合もけっしてないわけではない。だから、一概に日本語の欠点といい切ってしまうのは考えものなのではあるが、ただ、翻訳の場合には、いまのような西洋の言葉の順序というものと話の筋道との関係をあまり軽くみると、ちょっとわかりにくい翻訳文ができ上がるおそれがありはしないであろうか。

　というのは、西洋の文章で、一つの文の終わりの方が尾を引いて、次の文にまでひびいているようなとき、前の文もあとの文も日本語流の文にかまわず翻訳してしまうと、言葉の位置が変わったため二つの文の間の脈絡がぽつんと切れてしまい、そのためわかりが悪くなることがありはしないかというのである。論理的な筋はそれで十分通っているはずでありながら、なんとなくピンとこないということがあろう——さきに述べた翻訳では意味がとりにくく原文を読めばなんのこともなくよくわかるといった場合というのは、こういう場合にほかならないように思われる。

　このことは、いいかえれば、西洋の文章の場合にだって、論理の筋以外に連句の符合とまではいかなくても、それに類するものが、かなり強くはたらいていて、文章全体の理解を円滑にするのに相当大きな役割を演じている、ということを意味する。もやもやとした雰囲気で文と文とがつながっているのはなにも日本語の場合だけにはかぎらないので、西洋の文章だって純粋の論理ばかりでつながっているとはいえない。だから、もともとそういうもやもやしたつながり方が日本語に特に顕著であるのなら、それを欠点とは考えないで、むしろ存分に利用して、さらに、その上に論理の筋金を入れる工夫をすればいい。そうすれば、ことによると、日本語はたいへん具合いのよい言葉になり得るかもしれない——というのが、ただいまのわたしの考えである。それでいて、いまだに、とりかかった数学の本を実は書きあぐんでいる——というのが、また、ただいまのわたしの実状でもあるのである。

この問題についてもう一つ考えなくてはならないのは、西洋の国語で理論的なことを書くのが果たしてやさしいか否かという問題である。わたし自身欧文で少しはものを書いたことがあるが、この場合は、最初から外国語で書くのはむずかしいと決めてかかっているのだから話にならない。重要なのは西洋人自身が自分の国語についてどう思っているかであろう。きいてみたこともないので果たしてどうなのか知る由もないが、たしか、メイエがどこかで「フランス語でよい文章を書くことは非常に修練を要する」といったようなことを書いていたような気がする。ことによると、フランスの数学者たちも論文や本を書くときには、やはり、それ相当にフランス語で苦労しているのかもしれない。わたしも、この「随想」を書き終えたら、日本語がどうのこうのとぶつくさ言わずに、数学の本の稿をまた続けることにしよう。

（一九五二年三月）

あまりに常識的な

――道徳教育について――

えらい実業家があった。ふと発心し私財をなげうって大きな学校をつくった。学校の運営その他はいっさいその道の人たちに任せたが、ただ、月に一度ぐらいのわりで、ときどき、学校に出かけては全学生を前にして精神講話を試みることにした。半生の体験を語ることによって若い人たちに将来の指針を与えようというのである。

この精神講話のすべり出しは至極うまくいった。なんにしても「大」の字のつく実業家の体験談は、若い人たちにとっても、そうつまらないものではなかったらしい。

ところが、あるとき、つい調子に乗りすぎて、「諸君はつねに善を行なわなければならない。」といったような教訓談をはじめてしまった。学生たちはだまって傾聴しているように見えたが、やがて講話が終わると、学生のなかに手をあげて質問をするものが出てきた。「善とはいったい何ですか。」というのである。

実業家がなんと答えたか、わたしはこれを聞いていない。いずれにしても、学生はその答に満足しなかった。その答に対してまた質問をくりかえした――ことによると、ソクラテスのように、相手の困るような質問をあとからあとからたたみかけて連発したのかもしれない。ともかくも、しまいには、実業家は答につまって、かぶとを脱いでしまった。このとき以来精神講話はとりやめになった……

この話に関連してはいろいろなことが考えられる。たとえば、社長が自分の会社の社員を集めて精神講話をする場合には、意地の悪い質問にあうようなことはまずないということができる。しかし、いくら大会社の社長でも、世の中には自分の会社の社員でない人がたくさんいることを忘れてはいけない――といったようなこともその一つである。

ところで、わたしがこんな話を持ち出したのは、なにもイソップのまねをして、こういう「教訓」を書くのがその目的ではない。ただ、「善」とか「愛」とかいうような崇高な題目について語ることは、けっして容易な業ではないことをいってみたかっただけなのである。

わたしの考えるところによれば、そういう話をほんとうにできる人といえば、深い宗教的体験をもつと同時に、さらに宗教的人間的な魅力をよく身につけた人以外にはないように思われる。いってみれば、キリストのような人ででもないかぎり、いくら美辞麗句を用いて「善」や「愛」を説いてみたところで、そういう道徳教育はたいした効果はあがらないだろうというのである。

学校の先生方がキリストのような人ばかりであれば、もとより、それに越したことはないが、しかし、すべての先生に対してキリストの如くあれというのは、だれが考えても、注文が少し無理である。としてみれば、道徳教育とはいっても、その範囲は、おのずからかぎられたものになってくることをまぬがれない。せいぜいのところ「お互いに住んでいる社会を住みよくするのには、かくかくした方が都合がよい。」といった程度のきわめて常識的なことしか学校では教え得ないのではないだろうか。

わたしは「社会科」のことはよく知らないが、おそらくこの程度の常識的なことなら、現在でもそのなかで教えられていることと思われる。だから、あらためて「修身科」をもうける必要はみとめられない、という意見は、まず、穏当なものでもあろうとは思っている。ただ、問題なのは、社会科のなかで、こういった方面のことが、果たして十分な熱意をもって教えられているか否かであろう。また、教えられる生徒たちに十分な効果をもって受け入れられているか否かでもあろう。

それにつけても、わたしには、数年前に内国航路で四日三晩の船旅をしたときのことが思い出される。

わたしが乗船したのは昼すぎであったが、そのときはもう、甲板は修学旅行の中学生でいっぱいで、がやがやとたいへんなさわぎであった。それも昼間のうちはにぎやかなだけでまだよかったが、このさわぎは夜になっても一向にしずまらない。十二時もすぎたというのに生徒たちはどたばたと廊下を走りまわる。途方もない大きな声で流行歌をうたいまくる。とてもねつかれたものではなかった。しかも、少しうとうとしたかと思うと、もう朝の四時すぎから同じようなどたばたと流行歌の高吟である。聞けば、修学旅行が乗り合わせるたびに、いつもこの調子だそうで、ボーイたちも困ったものだとこぼしていた。

しばらく、考えた末、わたしは引率の先生方のひとりにお会いして、前夜ねむられないでたいへん迷惑した旨を申し入れた。そして、そのときすぐというのは無理であろうが、修学旅行を楽しく終えて学校へ帰ったら、船の乗客のなかにうるさ型がいて、「ひとのねている時間にさわいだりするのはよろしくない。」と言っていたと生徒たちに伝えてくださるようにお願いしてみた。

こういうわたしの申し入れに対する先生の反応ははなはだたよりないものであった。一応賛意は表わしているものの、一向熱意はなく、「子供たちのことだから仕方がない。」といった気配がありありとうかがわれたのである。どうも心細い――わたしはそう思わずにはいられなかった。

修学旅行などは、前に述べた「常識的な」道徳教育にとっては、またとないよい機会であるといわなければならない。学校で社会科は社会科として教えはするが、こういう好機会に際して、生徒たちが傍若無人のふるまいをしていても一向かまわずにほうっておく――もし、仮にそういうのが、ボーイのいうように、一般的な傾向であるならば、あらためて修身科をもうけようという主張にわたしも耳をかたむけたくなってくる。社会科とは別に修身科をもうけて、これに十分な重みをつけて、いやでも道徳教育を行なわざるを得ないように仕向けようというのも、そう無理な主張ともいい切れないようにも思われてこようというものである。

ただし、こういう意見には、いま述べたように、仮に、「そういう傾向が一般的であるのならば」という仮定が前提になっている。わたしは、この仮定があやまりであることを切に望んでやまない。もとより、また、これがあやまりであると考える方が、たしかに、「常識的」であるにはちがいないのだが。

（一九五二年四月）

行 列

もとより東京ほどのことはないであろうが、私の住んでいる地方の都会でも近頃は交通機関が非常に混雑して、毎日の通勤がひどく苦労になってきた。

それも、はじめの間は押し合いへし合いで物凄かったのが、近頃はようやくみんなが列をつくることをおぼえたので、しばらく待つことをいとわなければ、女子供でもとにかく電車に乗ることだけはできるようになった。ときとすると、半町以上も列がつづいて、電車道のところから雪のつもった車道を半分横断したうえに、歩道をふさいでさらに町角をひとまわりすることさえあるが、幸いに地方のこととて人通りも少なく、また自動車の往来もまれなので、さして不都合も起こらないらしい。

平生ならば、こういうことはそうやすやすと行なわれそうもないのに、みんなが甘んじて列をつくって待つようになり、やがてはこれが習慣のようにしみ込んでしまうことと思えば、これも非常時の余沢(よたく)の一つに数えられるでもあろう。

ただ、困ったことには、ときたまではあるが、まだ抜けがけをして、人よりさきにうまうまと乗り込んで平気な顔をしている人が絶無ではない。なかには、なにも気がつかずにやる人もあろうが、また明らかに狡くかまえこんでいる向きもあるので、一、二度おだやかに抗議をしてみたこともあるけれども、いつもこわい顔でにらみ返されるくらいがおちで、なにもならなかった。

また、前から待っていて、そういう抜けがけのために同じく被害を受けた人々も、こういう抗議を単に、「ウルサ型がまたなにかいっているな。」というくらいのこととしか考えないらしく、いっこう冷淡に黙々としてみているようであった。

最近だれかのフランス通信を読んでいたら、フランス人はなにかといえばすぐ列をつくりたがる国民だと書いてあったが、彼らはまた列をつくった場合みんながみんな非常にウルサ型でもある、ということを私はたびたび経験している。おそらくは、彼らがそういう性質をもっているために、列をつくって順番を待つという習慣が特にきちんと行なわれて、円滑にことが運ばれていくのでもあろうかと思われる。

一度パリの郊外の郵便局で書留郵便物を出したときのことであった。

例によって列の一人になって待っている間に、書留依頼の書式の中に書き込み方の不備な点を発見したので、列外に出て訂正をしてこなければならなくなった。一度列から離れたうえは仕方がないので、訂正を終えてから、いちばん最後のところへ行こうと思って歩き出したら、以前私のすぐ後にいた男が自分の前を空けてくれていて、ここへ入れと言って手でしきりに合図をする。言われるままに、そこへ割り込んだところ、たちまち後ろの方から大きな声で、列の途中へ入るのはけしからん、と抗議をする者が出てきた。

そういう場合の習慣を知らないので、私はまた列から出ようとしたのであるが、例の私のすぐ後にいる男は私を引き止めて、抗議した男に向かって、「君はあとから来たから知らないのだろうが、この人は前からここにいたのがちょっと書式を直しに一時列をはなれただけだ。」と、これもまた大きな声で応酬する。するとさきに抗議した男は、「少しも知らなかった。彼はそこに入る権利をもつであろう。」というようなことを言ってにこにこしている。

大勢の前で私自身が問題になって少々恥ずかしかったが、ともかく無事にすんでなにやら安心したような気もするし、また同時に実に彼らがはっきりしているという印象を受けた次第であった。

そうかと思うとまた、こんなこともあった。

妻が初めて市場に買物に行くというので、通訳がてらについて行ったときのことである。肉店の前で買い出しに来た主婦連の後について、妻が乳呑児(ちのみご)を抱いて待っていると、しばらくしてから、うしろの方からしきりに大声で怒鳴る婦人があった。よく聞いてみると、「そこに幼児をつれた婦人がいるのに、前にいる連中はなぜ番をゆずってやらないのか。」と文句を言っているのである。すると、妻の前にはまだ、五、六人もいたのであるが、その連中が一度に振り返って、「知らなかったから。」としきりに言いわけをしながら、まごまごしている妻をいちばん前に押し出してしまった。

なんだか、非常にすまない気がしたが、後で聞いてみると、幼児をつれた者には特権があるのだそうで、そう言われてみれば、電車地下鉄はいうにおよばずデパートのエレベーターに至るまで、いつでも幼児同伴であるかぎり、真っ先に乗せてくれるようであった。

こんな例をあげたからといって、私は特にフランスの婦人たちがわが婦人たちに比べて義俠心が強いというような結論を出そうとは思わない。さきにもいったように、彼らは要するに、非常にはっきりしている、自分の前に人が割り込めば文句もいうが、幼児をつれた女が当然ゆずられるべき順番を得られずにいると、ただ見ているのは我慢がならない、どうしてもはっきりさせようという欲望が起こってくるということになるのではないかと思われるのである。

こういう彼らの性質が全体として非常に推賞すべきものかどうかは、ちょっとにわかに判断をくだしがたいであろう。ただ、列の秩序を守るということのためには、われわれももう少しほんのちょっぴりでいいからウルサ型になったらたいへん好都合かもしれない、とこんなことを吊革にぶらさがりながら考えてみた。

（一九四一年三月）

ピエルとマグノリア

春になったとはいいながら、まだうすら寒い曇り日のことである。わたしはライン宮のあたりをひとりでぶらぶらと歩いていた。

ライン宮というのはこのストラズブウルがまだドイツ領であったころに建てられたカイゼルの離宮だそうである。やや広い前庭には、しめった空気のなかに木蓮の花が咲いていた。

この木蓮のあたりで、わたしは、うしろから「ムッシュウ」といってよびかけられた。振り返ってみると、ピエルという十歳ばかりになる男の子である。ピエルの家にはしじゅう遊びに行って厄介になっているが、陽気な兄のジャンとちがって黙りがちなこのピエルとはあまり話をしたことがなかったのに、このときはどうしたのかピエルはいろいろとよくしゃべった。

学校の話、将来大きくなったら何になろうか考えている、兄のジャンは映画監督が志望だといっているが、自分はまだ決めていない、などという話をした末に、何を思ったのか、ぽつんと「ねえ、ムッシュウ、正義は必ず勝ちますね。」と言う。

少々面くらって、どういうことなのかと聞いてみると、「このあいだの戦争でもわれわれが正しくドイツは不正であったので、しまいにはフランスが勝った。そして、一八七〇年に不正にもドイツがフランスから奪い去ったこのストラズブウルもフランスの手にもどった。」というようなことなのである。第一次世界戦争が終わってから、まだようやく十年たったばかりのころで、フランス人のあいだには極端な反独感情を抱いている人が多かった。ピエルもそういう人たちのうちのひとり——小さいひとりなのであろう。

わたしは何と答えたらいいかちょっと戸惑った。「そのとおり、そのとおり。」と子供の夢をそのまま覚まさないでおこうかとも思ったが、なんだかそれでは気がすまないという心持ちがしないでもない。それに少しばかりであるが、また意地の悪い気持ちもはたらいてきた。

ストラズブウルは、人のよく知るように、ライン河のほとりにある都会で、河のすぐ向こう側はドイツ領である。わたしたちは、気が向くとよく橋をわたってそのドイツ領へ遊びに行ったものであるが、そういうときに、フランスの戦車隊などがドイツ領で演習しているのをときたま見かけたことがあった。保障占領とかいうので、フランス軍がドイツ領のライン地方に駐屯しているのだと聞いてはいたが、当時第三者としてこれをみると、なにかフランスに対し不快な反感めいた感情が起こるのを抑えられなかった。

こんなことを思い出したので、わたしは本当のことを言ってやろうという気になって、「残念だが、いつも正義ばかりが勝つものとはかぎらないよ。いまに大きくなって歴史をよく読むとわかってくるが、不正なものでも強いものが勝ったためしはけっして少なくないのだ。もっとも、だからといって、強くさえあれば不正であってもいいというのではないよ。ただ、この人間の世界というものはあまり具合いよくできてはいないというだけのことをいってるのだから間違ってはいけない。」といいきかしたのだが、言ったとたんにわたしは後悔してしまった。ふだんからそう快活そうでもないピエルはいとも情なそうな顔をしている。そして「でも、学校の先生もうちのパパも正義は必ず勝つと言っているよ。」と言って心細い反駁を試みようとするのである。かわいそうになったので、わたしは話をそらすために木蓮を指さしながら「あの花はフランス語でなんというのか。」とたずねてみた。ピエルは簡単に「マグノリア。」と答えた。

このときから、もう二十幾年の年月が流れた。その間にはいろいろの事が起こったが、今度の第二次世界戦争がはじまって、ストラズブウルがドイツ軍に占領されたと聞いたとき、わたしはすぐにピエルのことを思い出した。もう屈強な青年になっていたはずだし、

「正義のために」奮然とたたかって、もしや戦死でもしたのではないであろうか。それともまた無事に今日まで生き残ってでもいるであろうか。

ともかくも、第二次世界戦争が終わってからででも、またもう七年近い年月がすぎた。ピエルが、もし生き延びていたら、いま何を考えているだろうか。「今度の戦争でもやっぱり正義が勝った。」と言って喜んでいるだろうか。ことによるとあの「不正な国」に生まれたムッシュウの言ったことは、やはり間違いだったのだと思ってでもいるかもしれない。それとも、また、第三次世界戦争の暗影におびえながら、「正義とは何か」というようなことを改めて考え直してでもいるであろうか。さらにはまた、ひょっとして彼の国に多いときく左翼系の闘士にでもなっておおいに活躍しているでもあろうか。あのおとなしかったピエルには、この最後の想像はいちばん似つかわしくないようにも思われる。

もうしばらくすると、また春がめぐってくる。あのライン宮のマグノリアは今年もまた美しい花をつけることであろう。毎年春になって木蓮の花を見ると、わたしはライン宮の前でのピエルとのあの立ち話を思い出す。ピエルはわたしのことを覚えているであろうか。

（一九五二年二月）

富士登山の夢

もう四十年も前のことである。

小学校の六年生のとき、つづり方の時間に先生がこんな話をされたことがあった——

「わたしの子供の時分には、つづり方ではずいぶんひどい目にあわされた。たとえば、あるときなど、『夢に富士山に登るの記』という題で文章を書かされたことがある。わたしは山形県の田舎に生まれてそこで育ったので、富士山に登ることはおろか、見たこともありはしない。それに富士山に登った夢も見たことはない。そういう子供にこんな題で文章を書かせるのは、どう考えても無理なのだが、そのころはそういう無理が平気で行なわれていた。いまはもうそういうことがなくなって、みんなは楽な気持ちでつづり方を習うことができる。みんなはわたしに比べればたいへんしあわせだ……」

今度の戦争後、教育の制度が改革され、またその内容や方法も改まったので、いまの子供たちはつづり方にかぎらず、あらゆる面で、おそらく、かつては先生からうらやまれたわたしたちに比べてさえも、さらにずっとしあわせになっているにちがいない――とわたしは思っていたのであるが、残念なことに、このごろになってこのことが少し疑問になってきた。

一度か二度だけであるが、このごろわたしは未知の新制中学生たち数人の訪問を受けた。用向きをきいてみると、学級をグループに分けて、分担の問題を研究することになったので、それについて質問にきたということであった。その問題というのは、たとえば、「ピラミッドの建築がエジプト数学に及ぼした影響」とか、「バビロニアの数学とギリシャの数学との関係」とかいうずいぶんとだいそれた問題ばかりであった。

生徒たちは、図書館へ行ったりなどしてしらべたあげく、どうしてもはっきりしたことがわからないので、思案の末にわたしのところに助力を求めにきたものらしい。

これを聞いてわたしは少なからずおどろいた。こういう質問にはわたしは答える能力をもっていない。いや、わたしならずとも、おそらくはりっぱな数学史の専攻学者でも、自信をもって、これらについて詳しいことをはっきりと説明できる人はいないのではないか。

エジプト数学についての信頼しうる文献といえば、有名なリンド・パピルス以外には目ぼしいものは一、二しかなかったはずだと覚えている。また、バビロニアの数学についての文献――といっても、これは楔形（きっけい）文字を刻みつけた粘土板であるが――は相当多数ヨーロッパの各地に保存されてはいるが、まだ全部は解読されていないと聞いている。デンマークのノイゲバウエルという人がその一部分を解読して、バビロニア数学についての新しい知見を発表したのは、たしかせいぜい二十年ぐらい前のことであった。

こんなむずかしい問題と中学生を取り組ませようというのはなんといっても「無理」である。そんなことをさせる暇があったらもっと計算能力をみがかせることに骨を折ってみたらどうか——こんなことも、実は、ちょっと考えてもみた。

生徒たちに研究課題を与えて、いろいろ調べさせたうえでこれをまとめさせることはそれ自身けっして悪いことではないであろう。しかし、これはよほど考えてやらないと、子供たちに「富士登山の夢」を強制するのと同じことになる心配がある。数学の場合にかぎらず、社会科の場合などそういう弊がしばしばあることをわたしは世の親たちから聞かせられているのである。

逆コース——五十年、六十年前までへさかのぼろうとする逆コースでなければ幸いである。

（一九五一年一二月）

算術で苦労した話

たしか小学校一年生のときであった。ある日学校で「5から5をひくと0になる。」と教わってびっくりした。

それまでにも、5から3をひくことや、2をひくことは教えられて知っていた。しかし、同じ5から同じ5をひくことができるとはわたしの思いもよらないところであった。

リンゴが五つあるとき、そのうち三つたべてしまえば二つのこる。だから、5から3をひけば2になることはよくわかる。しかし、五つともたべてしまったら、何ものこらない。したがって5から5をひいても答が出てこない――漠然とこう考えていたらしいのである。

先生は「答が0だということと、答がないということとは区別しなければいけない。」と心なしかいつもより厳粛な顔をして言われたが、わたしにはあまりよくはのみこめなかった。ただ、なんだかひどく――大人の言葉でいえば――学問的なことを教わったようで、少しえらくなったような気もしないではなかった。

それでも、習うよりは慣れろとでもいうのか、そのうちに、5から5をひくことも、さては100から100をひいて答が0になることも、いつのまにかそう不思議とも思わないようになってしまった。こうして、数学におけるわたしの最初のつまずきはうやむやのうちにどうやら克服されてしまったのである。

そのうち三年生ごろになって第二のつまずきがやってきた。小数のところへきて、1を3で割るといつまでたっても割り切れず、小数点のあとにずうっと3という数字がつづくというのが、なんとなく腑におちなかったのである。

ちょうど、手工で吉凶の包み紙をやっていたころなので、半紙をきちんと三つに折る練習をしたことがあった。多少手加減を必要とするので不器用なわたしにはかなり骨が折れたが、結局どうにかこうにか、折ることができた。うまく三つに折れるのは半紙の長さのせいかもしれないと思って、念のため、半紙をちょうど一尺の長さに切ってみたが、それでもやっぱりちゃんと三つに折れる。それなのに、1を3で割ると、3がむやみと続いて出るばかりで、いつまでたっても「あたりまえ」の小数になってくれない。これは、なんとしても摩訶不思議なことに思えてならなかった。

ところが、五年生か六年生になって分数を習う段になって、1／3という「数」が出てきた。いまだに、0.3333……というのがなんだかわけがわからず苦労していたところへ、

1／3と書いてこれが1を3で割った答だと言われると、なんだかばかにされたような気がした。と同時に、どういうわけか、わたしには分数がいやに気に入ったと見えて、1／3というのを一つの「数」と思おうとして一所懸命努力をしたものである。

おかげで、しばらくして、分数がどうやら自分ではわかったような気持ちがしてきた。それから振り返って、あんまりはっきりはしないが、0.3333……というのは1／3という分数を面倒くさく書いただけのものなのだ、1／3という「数」がある以上半紙が三つ折りにできるのもべつにおかしくはないのだ、と思うようになった。自分で自分のあたまを無理にねじ伏せてしまった——いま考えると多少そんなきらいがあるようである。

これでいいつもりでいたら、中学校へ入って間もなく、0.9999……は1だと教えられて、このときは実によわった。ずいぶん考えたがどうしても納得がいかない。先生に質問しても、「だんだん1に近づいていくんだから1なのだ。お前たちにはわからんかねえ。」と言われるばかりでとりつく島もないのである。

この疑問はずっと大きくなるまで残った。微分、積分等を習い、それがちゃんと自分のものになったころになって、「ははあ。」と自分で悟ったのである。教室では、ついに、この疑問に対する説明を教わったことはなかった。

こうやって思い出してみると、どうもわたしはたいへん物わかりのにぶい子供であったようである。そして、それはそれにちがいないのだが、また一方考えなおしてみると、ここに書きならべたようなことがなかなかわからなかったのは、ほんとうはそう不自然でもなかったと思われる節がないでもない。

実は、ごく最近のことだが、これから数学を専攻しようと志しているある大学生から、さきに書いたうちで最後の疑問について質問され、くわしく説明してやったことがあるのである。だから、0.9999……が1だと言われてまごついたのはなにもわたしひとりにかぎらないことになる。ことによると、そのほかのことについても、わたしと同じようなつまずきをなめた人がほかにもたくさんいるのではないか——そんな気もしようというものである。

ことに、純粋に学問的な見地に立って、0とか、無限小数とか、はたまた分数とかを系統的に理解しようとすると、これはけっしてそうなまやさしい仕事ではない。そう考えると、なおさら今のような気持ちが強くなってくるのであるが、さて実際はどんなものであろうか。

（一九五〇年九月）

「つまらない」こと

――寺田寅彦の思い出――

中学校を卒業して高等学校に入ったら、生徒たちで組織している小さい会で「科学会」というのがあって、早速それに入会させられた。ときどき自然科学方面のえらい先生方をおよびして講演会をひらくのが会のおもな事業であった。

わたしが在学した三年間にいろいろな先生方が講演されたが、そのなかには、物理学の中村清二先生や昆虫学の故三宅恒方さん、それから寺田さんなどがあった。

中村先生の講演は、たしか、第一次世界戦争が終わって間もなくアメリカに渡られ、その旅行から帰られたばかりのときであったと覚えている。アメリカ土産として三極真空管をはじめて日本にもたらされ、これについて実験をしながら話をしてくださったような気がするのであるが、このあたりのわたしの記憶は少々あぶなかしい。

ともかくも、いまとちがって、ラジオなどというものは夢にも聞いたことのない時代であったし、また同時に、戦後の恐慌はあったにしても、日本が戦争のおかげでとみに豊かな国になっていた時代であった。貧乏なわたしも、のんびりと学生生活を楽しんでいた。

寺田さんのお話を聞いたのは、はっきり覚えていないが、たぶん大正六年か七年であったと思う。物理の階段教室のがらんとしたところに十五、六人の会員が集まって聞いたのだが、うすぐらい電燈がともっていたところをみると夜であったらしい。寺田さんは研究室のお帰りに寄ってくださったのでもあろうか。

わたしは、ただわけもなく、寺田さんといえばさぞスマートなハイカラな方だろうと勝手に想像していたのだが、黒板の横にある扉口から出て来られたのを見ると、およそ期待とはかけちがって、いぶし銀とでもいいたいようなくすんだ感じの方であった。大正八年の大患にかかられる前でもうお身体の具合いもよくなかったためでもあろうか、動作がなんとなく大儀なように見受けられた。お話の途中で黒板に向かおうとして身体を真横に向けられたとき、左手を腰のあたりに当てて、首を真っすぐにしたまま、少しばかり前かがみになると上着がうしろの方にたくし上げられる。うすぐらい電燈の下にそういう姿勢をとった寺田さんの姿は今でもわたしの網膜に残っている。おそらく、たびたびそういう姿勢をされたのであろう。

講演は熱についてであったが、実をいえば、わたしにはよくわからなかった。これは、もとより、わたしの不敏によること言うまでもないことながら、また、一つには、お話がよく聞きとれなかったせいでもあったとわたしは思っている。本を一冊実験台の上に置いて、その上にうつむいたまま、ぼそぼそと口の中でものを言っているように話をされる。ときどき、たとえば黒板に何か書こうとしながら、思い出したように急に声を大きくしようとされるのだが、その声も景気よくは張り上がらない。それでも、そのときだけは何を言っておいでなのか聞きとれるが、またすぐに聞こえなくなってしまう。

講演の終わりのところでも、またちょっと声を大きくされた。「なんだか変なことを言うようですが、どんなつまらないことでも、つまらないと言って捨ててしまわないで研究していくと、たいへんおもしろいことが見つかってくるものです。」こう言って、ちょっとはにかんだような表情をして退場して行かれた。

退場されたら、だれか「ああ、ようやく、これでエントロピーってどんなものか、よくわかるようになった。」と頓狂な声を出したものがあった。それを聞いて、わたしも、お話がさもわかったような顔をして、だまって帰ってきた。

わたしが寺田さんのお話――というよりもお声を聞いたのは、あとにもさきにも、このとき一度きりである。大学では数学を専攻したので寺田さんの講義を聞く機会をもたなかったし、それに、わたしの在学中の大半はご病気で休んでおられた。またその後昭和七年に当時わたしのつとめていた北大理学部に臨時講義においでになったときも、わたしは講義には出なかった。ただ中谷宇吉郎君に紹介されて、だまってお辞儀をしただけである。

こんなわけで、寺田さんとわたしとの間のかかり合いはまことにうすい――というよりは、ほとんどないにひとしかったが、そのくせ、わたしはそのお名前だけは、まだ中学生だったころからよく知っていた。たしか、漱石がまだ亡くなる前であったと思うが、ある日学校で級友のひとりが、漱石の「猫」に出てくる寒月君というのは寺田寅彦という物理学者で東大の先生だと教えてくれた。そして、どこで聞いてきたのか、寺田さんは「芸術と科学とを一身に結びつける人」として、数あるお弟子のなかでも漱石は特に大切にしている、というようなことも話してくれた。

この話を聞いて、わたしは、そのころの中学生らしく、目をかがやかしておおいに感激したものである。いまから考えれば、後に『藪柑子集』に収められた諸篇はすでにその前に公にされていたわけであるが、少年のわたしはまだこれらを目にしたことはなかった。ただなんとなく素晴らしい人もあるものだと憧れに似た気持ちを抱き、前にもいったように、寺田さんをスマートなハイカラな紳士と思い込んでしまったものらしい。寺田さんの随筆を実際読むようになったのはずっと後のことである。

大学生になってからある日新聞をひらいたら、吉村冬彦という人の書いた「蓄音機」という文章が載っていた。（当時の新聞はああいう長い文章を掲載するだけの余裕をもっていた。よき古き時代よ！）はじめは、蓄音機の原理を通俗的に説明したものかしらと思いながら、ちょっと読みかけたのだが、読んでいくうちにおもしろくなって、とうとう一気に読み終わってしまった。「文学士何某」が蠟管に吹き込む段になって、「ターカイヤーマーカーラアア」と歌いだしたというあたり特に印象的で、なにかわたし自身の幼時の追憶の夢をやさしくゆすぶられるような気がした。

それでいて、わたしはただめずらしく楽しい文章を書く人があるものだと思っただけで、当時は吉村冬彦と寺田寅彦とが同一人だということを知らなかった。この「蓄音機」や、またそれ以前に、「金米糖」か何かの変名で雑誌に載った「丸善と三越」などという文章もやはり寺田さんのだということを知ったのは、それから二、三年もたったころであったろう。

だいたい、当時は今日のように「随筆」というものはそうはやってはいなかったし、吉村冬彦の随筆も一部の人には愛読されてはいても、その筆者を寺田さんとは知らない編集者もいたくらいで、そう一般的にものすごくもてはやされるというほどでもなかったようである。いわば、寺田さんが随筆流行の先駆者であった――少なくともわたしはそう思っている。

「科学と芸術云々」という漱石の言葉は、少年のときはもとよりのこと、いまでも、芸術のわからないわたしには、そのほんとうの意味はわからない。しかし、いまもときどき、全集をとり出して随筆を読んでいると、寺田さん自身のあの「どんなつまらないことでも云々」という言葉を思い出し、あのときの情景が目に浮かんでくる。と同時に、どれを読んでも「物理学」がしみわたっているようで、物理学者は数学者の論理とちがったなにか神秘的な論理をもちあわせているというようなことを思わされるのである。神秘的などというと少々語弊があって変に聞こえるが、どんなつまらないものからも必ずおもしろいものをとり出してきて見せるのは、まあ神業みたいなものではないであろうか。

私事にわたることばかりたくさん書いて恐縮であるが、今度の全集の読者のなかには年若い人が多いことであろうし、そういう人たちにとっては、こんな繰り言めいた思い出話もあるいは無意味でもなかろうかと思った。また、一高の「科学会」での講演のことは全集の日記をしらべてみても、ちょっと見当たらないようだし、この拙文もあるいは資料の足しにでもなろうかとも思われたのである。あのときもって来られた本の名前も知っているはずなのだが、ちょっと度忘れして思い出せない。

（一九五〇年五月）

私の読書遍歴

どうして数学を専攻するようになったか――考えてみると読書から受けた影響といったようなものはあまりないようである。若いときに哲学の古典をひもといて魅力を感じそれが動機となって哲学専攻を志したというような話はよく聞くところだが、理科方面でこれに似た経験をもつ学者はそう多くはないのではなかろうか。

もっとも、中谷宇吉郎君のように少年時代に「西遊記」を読んで感激し、そのためのちに物理学者になったという例があることはあるが、残念ながら、わたし自身にそういう「佳話」の持ち合わせがない。小さいときから――両親から聞けば赤ん坊のときから――汽車が好きで、はじめは機関手を志し、次に機関車をこしらえる技師になろうと思い、中学の終わりごろから化学か物理をやりたくなり高等学校三年に至って数学を一生の仕事としようと決心したというまでで、理科的な方面に向かうことは、いわば宿命的に決まっていた。ただ、具体的なものからだんだん抽象的なものに興味が移り変わって、とうとう抽象のどんづまりみたいな数学にいってようやく落ち着いたのには、あるいは、ポアンカレの「科学の価値」を田辺元氏の訳で読んだことなど多少はあずかるところがあったかもしれない。高等学校の入学試験——そのころは七月に行なわれた——がすんでから、しばらくの間わたしは鎌倉で海水浴をしながら、そのあいまにこのポアンカレの本と、それから奇妙な取り合わせになるがそのころ単行本として出た漱石の『明暗』とを読んで暮らした。両方とも未熟なあたまにとっては少々重荷でよく理解し得ようはずもなかったが、それでも入試結果発表を待つ間の重苦しいサスペンスの時期に読んだものだけによほど強い印象を受けたとみえて、いまだになつかしい思い出となってあたまに残っている。

高等学校に入ると、格別窮屈だった中学校の生活から急に解放された感じで、学校の方はまあ適当に処理して存分に小説類に読みふけった。ツルゲネフの英訳本を片はしから買いこんだり『ファウスト』のレクラム本を手に入れておぼつかない語学力に鞭(むち)うってこれを読破しようと試みたのもこのころである。トルストイはこの作家に傾倒している友人があって『イヴァン・イリチの死』を貸してくれたことがあったが、訳が悪いのと話が暗いのとに一遍に閉口してしまい、トルストイはわたしの性にあわないものとあきらめて読むことをやめてしまった。ドストエフスキイも友人たちの間にずいぶん流行していたが、結局はわたしには歯のたたない無縁の作家であった。それでも、トルストイはその後四十歳前後になって『アンナ・カレーニナ』を読んでおおいに感服し、『戦争と平和』とともに数回くりかえし読んでいるがドストエフスキイだけはその後ついに手にしたことがない。いまはわたしももう老境に入ろうとしているし、いま読んだらあるいは昔とちがい案外おもしろく読めるかもしれないとも思っている。

いよいよ数学を専攻しようと決心しかけたころには——前にも述べたとおりそれとこれとは直接関係はないが——わたしは『ジャン・クリストフ』に読みふけっていた。後藤末雄氏の訳本を学校の近所の市立簡易図書館から一冊ずつ借り出して読んだのだが、たしか三年二学期の試験にさしかかったのに、試験勉強をいい加減のところで失敬して読みつづけたのを覚えている。もう一度ああいう若々しい感激を味わってみたいものと思いはしても、若い時代が再びめぐってこないのは是非もない。

小説を読んだ話ばかり書いてしまったが、「読書」といわれると、わたしにはそういうことしか思い浮かばないのだから仕方がない。小学校の時には小波の世界お伽噺や春浪の冒険小説にとっつかまって教科書は学校以外ではあけてもみないというふうであったし、中学時代は英語以外の参考書はいやいや読むという程度で、英語力養成という口実のもとにシャーロック・ホームズに夢中になってすごしたわたしにとっては、「ためになる本」を読むことは、いまになっても、読書という感じがしないのである。こんな次第で、小説を読むときも、いやに深刻な顔をしてまるで修身の教科書でも読むようなやり方はわたしには読書の邪道みたいな気がしてならない。

さて、読書をいまいったような意味にとることにすると、学問を職業としている者には、本はたくさん読んでいながらも、「読書」する暇はかえってすこぶる乏しいということになる。わたしなども、高等学校時代をのぞいたら、存分に読書のできた時代といえば、十年ほど前に長い間病臥したときだけである。相変わらず病身は病身であっても、いまは仕事をもっているので、読書の時間をみつけることはなかなか思うにまかせない。生涯のうちにもう一度悠々と読書を楽しむ時代をもちたいものだが、さていつのことやら、はなはだおぼつかない次第である。

（一九五二年三月）

アンリ・ポアンカレ

アンリ・ポアンカレ Henri Poincaré は一八五四年四月二十九日フランス東部の一都市ナンシ Nancy に生まれた。父レオンはナンシ医科大学の教授、兄弟としては妹がただ一人——この妹は哲学者エミル・ブトルウ Émil Boutroux に嫁して数学者ピエル・ブトルウを生んだ。ついでながら、前大統領レモン・ポアンカレおよび物理学者リュシアン・ポアンカレは、レオンの弟アントニの子である。すなわち、世に高名な政治家レモンと数学者アンリとは従兄弟に当たるわけである。

小学校においては、ポアンカレは数学の成績が特にすぐれていたというほどのことはなかった。むしろ、異常な記憶力と文学的な学科に対する好成績とによって先生方の注意をひいたらしい。学校の先生の一人が、ポアンカレの母に向かって「ご子息は数学者になられるでしょう。」と告げたと伝えられるのは、日本でいえば、彼が中学の課程に入ってから後のことである。

一八七一年に受けたバカロレアの試験においても、数学の成績はいい方ではなかった。特に幾何級数に関する問題では、零点を貰って危うく落第するところであったという。

一八七二年中学の通常の業をおえて、一年間数学補習科に籍をおいた。先生をして monstre de mathématiques（数学の鬼才）と嘆ぜしめたのはこのころである。また、この補習科において、後年のパリ大学総長ポォル・アッペル Paul Appell との交遊がはじまる。

ポアンカレの第一印象をアッペルは次のごとくに述べている。「彼はちょっと見たところ、ありきたりの秀才といった型ではなかった。話をすれば、短いせきこんだ話し方をして、それも途中長い間だまっていてはきれぎれに語るのである。教室で先生から質問されると、途中の推論は省いてしまって、ただ簡潔に結果を答えるのみであった。そんなふうでは試験に失敗すると先生はよく注意したものである……」

一八七二年といえばかの普仏戦争の直後で、ロレヌ Lorraine の首府であるナンシには ドイツ軍が駐屯していた。ストラズブウル生まれのアッペルとポアンカレとが若い愛国心を燃やしたであろうことは想像にかたくない。

一八七三年、ポアンカレとアッペルとは相携えて、高等師範学校 École normale supérieure と工芸学校 École polytechnique との入学試験を受けた。前者においてポアンカレはまたも数学の試験をしくじってしまった。結局、両人とも両者に入学を許可せられたが、ポアンカレはその首席を得た工芸学校を選び、アッペルは高等師範学校に入ることになった。

工芸学校におけるポアンカレの成績は優秀であった。教室においては両腕を組んで聞いているばかりでかつて筆記をとらなかったという。ただし、首席で入学はしたが、卒業の時は二番であった。また製図に失敗したのである。事実ポアンカレの書いた直線は曲がっていてどうにも直線とは見えなかったのだそうである。

一八七五年、工芸学校を出たポアンカレは鉱山学校 École des mines に入った。このころから抽象的な学科に対する関心がますます強く、応用の学問はこれを放擲（ほうてき）してあまり顧みなかった。しかし、学校の課程の命ずる通り、一八七七年の夏には、オーストリア、ハンガリーへ、また翌年には、スウェーデンおよびノルウェーに実習旅行を行なって、その報告を書いた。

かくて一八七九年の春、正式に鉱山技師に任命され、ヴズル Vesoul 鉱区に駐在しかたがた鉄道建設の事業にも関係せしめられた。この間忠実に実務に従っていたことは、十七名の犠牲者を出したほどの鉱坑内の瓦斯爆発に際して敢然坑内に下りて行ったという挿話からもこれが知られるであろう。

しかしながら、鉱山技師としての在任はあまり長くはなかった。というのは、この年パリ大学に、

Sur l'intégration des équations aux dérivées partielles à un nombre quelconque d'inconnues（任意個数の未知関数を含む偏微分方程式の積分について）

なる論文を提出して docteur ès sciences mathématiques（数学博士）の学位を得、次いでその十二月一日カン Caen の理科大学講師となったからである。すなわち、この頃からポアンカレの数学者としての活動が始まってきた。後に彼を一躍有名ならしめた fonction fuchsienne フックス関数に関する研究も前記の論文を草する頃すでにあたまの中を去来していたらしい。

もっとも、奇矯な話し方を好むならば、フックス関数の発見は一八八〇年元旦早々に成されたともいえよう。というのは、次のような話が伝えられているのである。

ポアンカレは大晦日にその友人ルコルニュの家に招待されたのであるが、食事が終わるとひとりで室をあちこちと歩きまわってろくに話しもせず、ルコルニュがもう十二時をすぎたと注意するまで夢中になっていたという。そして、年のはじめカンの埠頭でルコルニュに会ったとき、いきなり「私はすべての微分方程式を解くことができる。」といい出した。ルコルニュによれば、この時フックス関数ができ上がっていたのだという。

一八八〇年から八二年にかけて、ポアンカレはこの問題に関する論文を次から次へと発表した。

「この発見こそフランスの学問にとって真の勝利をもたらしたものである。幾年もかかってドイツの数学者たちはぐるぐる家の周囲をまわるばかりで、その入口はどうしても見つからなかった。この入口を決定しかつこれを開いたのは君である。」とフランス人はこの発見にその愛国的（？）賛辞を呈する。

かくまで極言することは、おそらく、ドイツの数学者クライン Klein そのほかの努力をあまりに無視するものではあろう。現に、一八八一年の六月頃からクラインとの文通が始まり、その後に出たポアンカレの論文はこの文通によって影響を受けたといわれているのである。

カンにおける滞在もまた永いものではなかった。すなわち、同地において結婚するや間もなく、一八八一年十月からポアンカレはパリ理科大学の演習講師 maître de conférences になり、八五年力学の講師、次いで八六年数理物理学および確率論の講座を担当する教授となった。（この時代におけるポアンカレの講義はその聴講者によって出版されている。）

さらに十年を経て、一八九六年にはティスラン Tisserand の後を承けて天体力学の講座に移った。この時以後、ポアンカレがその数学的天才の全幅を天体力学に傾けて幾多不朽の業績を残したことは人のあまりによく知るところであろう。

経歴としてなお述べるべきことは一八八七年年歯三十三歳にして科学学士院 Académie des Sciences の一員に選ばれたこと、および一九〇八年詩人シュリ・プリュドム Sully-Prudhomme の後を襲って翰林院 Académie française に迎えられたことであろう。

一九一二年ローマにおける国際数学会議列席の際、ポアンカレは摂護腺肥大の発作に襲われた。帰来経過よろしからず、パリにおいて手術を受け、その結果ついに七月十七日不帰の客となった。「ポアンカレの死によって、幾多の発見がその時期をおそくせられ、また も長い間手探りをしなければならないことになってしまった。」とはパンルヴェ Painlevé がその死を悼んで述べた言葉である。

「ある数学者はもっぱら数学の版図をますます拡張することに興味をもち、ある問題を解決し得ることに確実に見極めがつくと、その問題はすてておいて、新たな征服の門出に急ぐ。ほかの数学者はその問題を実際に解決することに専念し、それから生ずるあらゆる結果をひき出してしまうまではその問題をすてない。」これはポアンカレがものした数学者アルファン Halphen の評伝の一節である。

ポアンカレ自身、おそらくは、自分を前者の型に属する数学者と考えていたことと思われる。「その異常な産出力と多方面さとは、コォシ Cauchy を思い起こさせる。」とはクラインの評言である。

多方面といえばポアンカレは数学、物理学、天文学以外にその透徹した洞察力を科学批判の方面に向け、この方面においてもきわめて卓抜な考察を発表した。いわゆる科学にとらわれざる科学者の科学批判として、その哲学的著作『科学と仮説』『科学の価値』『科学と方法』『晩年の思想』は今も重要視されるべき価値をもっている。なお、その文筆方面の事業を語るものとして、その著『学者と文人』をついでにあげておく。学者、文人の評伝を集めたもので、前記アルファン評伝も実はこの中の一篇である。

（一九三四年三月）

反省と出発
——科学史について——

近頃、わが国でも科学史の研究が目立って盛んになってきた。以前は、科学史の研究などといえば、各学問の専門家の余技ぐらいにしか評価されていなかった。また、現在でもこれを停年間近の教授たちの手すさびにふさわしい仕事と考えている人も少なくはない。しかし、真剣に科学史のもつ重大な意義に心を潜めて、一度これに手を染めてみると、そんな生やさしい閑事業でないことが、ただちにわかってくる。男子の一生をうちこまなければ、とうていしっかりした研究はおぼつかないし、また実際それだけの価値もある仕事なのである。

こういうことが次第に理解されて、ぼつぼつ科学史を専攻する人が現われてきたのだとすると、これはなんといっても喜ばしい傾向であるといわなければならない。

西洋でも、科学史の研究が本格的に行なわれるようになったのは、そう古いことではないらしい。今日でも、たとえば経済学史が経済学における位置などに比べると、理科的な学問の歴史はそれぞれの学問に対して、それほど重要な位置を占めていないように思われる。これは何によるかということを考えることも、たしかに興味深いことにちがいないが、今はこれに深入りするいとまはない。

それよりも、ここでは、特に最近わが国で科学史に対する関心が高まってきたのは何によるか――あるいはむしろ、こういう傾向がわが国の科学界にとっていかなる意義をもつかをごく常識的に考えてみたい。

三百年の鎖国の夢を破って国を開いてからこのかた、わが国は西洋の学問を文字通り輸入しはじめ、明治、大正の二代を通じて、われわれの先人たちは、このことに渾身の努力をかたむけた。こういう努力は見事な実をむすんで、今日の自然科学研究の隆盛を招来し、またこれと相伴って工業の異常な躍進を促した。今次の戦争の戦果のかげにも、こういう先人たちの努力の跡がひそんでいることは、何人もこれを否定し得ないことと思われる。

しかしながら、この先人たちの努力は、もともといわゆる先進国に是が非でも追いつこうとする必死の念願にもとづいていただけに、当然これに由来する特殊な傾向に色づけられないわけにはいかなかった。すなわち、西洋の学問は、その時代時代に応じて、当時の尖端的な部分が輸入された――というよりは、尖端だけがとり入れられてきたことは争われない。

尖端を行く、といえば、一応はいかにも躍進的ないかにも目覚しい行き方のように聞こえる。しかしながら、尖端をとり入れるということは、言葉をかえれば、尖端のあとを追いかけることにほかならない。尖端を真に尖端ならしめる努力はけっしていわゆる尖端的な色彩を帯びるものでなく、いままでのわが国の輸入の仕方は、かような地道な方面を閑却していなかったとはいえない。いわば、花だけを摘んで、その根幹はすてて顧みなかったきらいがないではなかった。

この頃、ともすると、人はわが国にも古来から立派な科学があった、というようなことをいう。たとえば、法隆寺のようなすぐれた建築は微分積分学の知識なしには成就されなかったはずだ、という種類の議論を往々耳にする。しかしながら、仮に、この議論が成立するにしても、この議論はなお、暗々裡に予想される知識と、学として組織された知識とを混同しているという非難を免れ得ない。人類が地上に生まれ出てからこのかた、林檎（りんご）が木から落ちるのを眺めた人の数は何万あったかわからないことを思い浮かべてみるのも無益ではないであろう。

今日われわれの学んでいる自然科学——数学を含めてひろく理科的の学問が、西洋の地盤に培われ、西洋の地盤の上に生い立ってきたものであることは、なんといっても否定することはできない。われわれの先人はこれを学びとってわがものにしようと試みたのであるが、その際、さきにも述べたように、その生い立った地盤にはあまりに多くの注意を向けることをしなかった。ジャーナリズムのうえで、いろいろと華やかに取り沙汰されながら、わが国の科学研究が一抹の脆弱さを内に蔵しているかに見えるのも、こんなところにその原因がひそんでいるのではないであろうか。

もとより、われわれの先人たちが採ってきた方針は、当時の状勢からみて、十分賢明であり、また尊敬すべきものでさえあった。しかしながら、もはや、われわれは、川下にのみ汲むことをやめて、源泉までも究めてみるべき時期に到達した。ひろくいって西洋の精神史、わけても科学思想史についてのわれわれの知識はあまりにも貧弱にすぎる。このままでいくときは、長い将来をかけてのわが国科学の健全な発達は、あるいはおぼつかないものがありはしないか、とさえ懸念されるのである。

戦争勃発以来、わが国民は、とみに自信を高くしてきた。その現われの一つでもあろうか、巷の一隅に「日本的科学」建設の声をしばしば耳にする。それ自身として結構なことに相違はないが、これは、単に標語を絶叫するだけの表面的な努力だけでは、とうてい達せられるものではない。科学思想が西洋のメンタリティによるものであることをよく理解し、これを摂取し同化するというあくまで堅実な努力を必要とすることをわれわれは強く反省しなければならない。

徳川時代に相当の発達をとげていた和算がとりすてられて、われわれの現今学んでいる数学がまったく西洋伝来のものに限られているのは何によるか、を考えてみることは、以上述べたことを理解するうえによき助けとなるであろう。

以上は要するに、われわれの問題についての一つの側面観にすぎない。最近における科学史研究の勃興が、果たしてかかることを意識してのうえであるか否かは、もとより私の知るところではない。

実をいえば、われわれ日本人が西洋科学史を研究することには、前述とはまったく別個の観点からみても、また特別な意義が存するのである。さまざまな数多くの原典に接する機会をもたないわれわれにとっては、西洋科学史の考証的研究は、特別な場合を除いては、断念しなければならないであろう。しかしながら、西洋科学思想の底を動き行く歴史の流れをつかむことは、その流れの中にもまれている西洋人自身に比べてあるいはわれわれの方が傍観者として案外有利な位置にあるかもしれない。有利とはいわなくとも、少なくとも彼らとは別個な見方を科学史に対してもち得ることだけは確かであろう。

ともかくも、近頃、わが国でも科学史の研究が目立って盛んになってきた。ともすれば懸念されるように、これが一時の流行に終わらないことを私は祈ってやまない。

（一九四二年四月）

竹と文化

エジスンが初めて電球を発明したときに使ったフィラメントは京都付近の竹を材料にしたものであったそうである。抵抗の大きい細い線に電流を通すと光を発するくらいのことは、久しい以前から知られていたことで、エジスンの偉いところはこういう特殊の材料を見つけ出してこの原理を実用化したことにあるのだ、とある人が教えてくれた。

これを聞いて感心しているうちに、ふと西洋では算盤(そろばん)がまったくすたれてしまったのに、わが国ではいまだにこれが愛用されているという事実に思い当たった。これには日本の算盤の機構の優秀さとか、そのほかいろいろの理由が考えられるであろうが、それにつけても特に日本の算盤の桁が滑りのほどよい竹の棒から成っていることもまたおおいに関係しているのではないかという気がしてならない。

こういうと、なかにはあまりに末梢的な考え方だと笑う人がいるかもしれないが、そういう人に対しては、単なる機構だけを問題にするならば、近頃かまびすしい四珠(よつだま)算盤と同じ機構のものがすでにローマ時代に考案されていた事実を指摘したいと思う。この算盤は金属板に溝をほってこれにはめ込んだ釦（ぼたん）が溝に沿って動くようにした仕組みのものであって、今日は使用する人とてなく、わずかに大英博物館の一隅に珍蔵されているばかりなのである。

そういえば、日本製の計算尺が海外にまで評判が高いのも、材料が竹であるのによると聞いている。こう考えてくると竹だとてなかなかばかにならない。あたまから末梢的だなどと軽蔑しないで、だれか東洋の特産物たる竹と東洋文化との関係を真面目に考えてみる篤志家はいないものだろうか。

深遠な東洋精神の研究も結構にはちがいないが、こういう技術的方面を調べることもあながちに無益とは言いきれないと思うのである。

（一九三九年一一月）

俳句と私

美しい若い女が武士のみなりをしてつくばいみたいなもののかたわらに立っていた。むくつけき男がその前でしきりにかしこまっている。この男はどうやら家来らしい。武士が家来に向かって「そちは風流と申すものを心得ておるか。」ときく。「いっこうに心得ませぬ。」という返事に、「では、この方が教えてつかわそう。まず、発句を一つ。」と女は居ずまいをなおし声をあらためて「古池や蛙とびこむ水の音」と言う。と、男はあわてふためいて「どこにおりまする？　蛙はどこにおりまする？」と叫びながら、舞台いっぱいに跳びまわる……

お祭りの小屋がけの舞台の上で、アセチレン燈のなまなましい光とにおいとの下に、こんな場面がくりひろげられた。たしか十歳ぐらいのころのことであった。このとき、わたしは初めて茶番というものを見た。また、このとき初めて俳句というものに接した。

その後うちのものが「朝顔に釣瓶とられてもらい水」という句を教えてくれた。それから、中学へ入ったら、間もなく、国語の時間に「大空にのぼりつめたり奴凧」というのを教えられた。太閤秀吉のことをよんだのだそうで、なんでもたいへん上手な句だということであった。「なるほど」とそのときは大いに感心したものであったが、その後は俳句というものをすっかり忘れてしまっていた。

ところが、三年生か四年生のときに級友のひとりが俳句をつくりはじめた。ひとりだけでは淋しいものとみえ、だれかれとなく仲間をこしらえようとして、このわたしにも俳句をつくることをそそのかした。虚子の『俳句とはどんなものか』、それから『俳句のつくりよう』という本が出たころで、この二つと子規の『俳諧大要』とを貸してくれて、まず読んでみろというのである。

ついでながら、この級友があとになって、また虚子の『俳句と自分』という本を貸してくれたことがあった。この小形の本の巻頭には「句案中の著者」といったような題のついた写真が載せてあった。それを見て、わたしは「ははあ、句をつくるときはこういう顔をするものかな。」と思った。なお、この写真のほかにはだれの句であろうか「空山に板一枚を萩の橋」というのが引用されていたのを覚えているだけで、この本に何が書いてあったか、いまは何ももう思い出せない。

それはさておき、わたしはあてがわれた本をひととおり読んだうえで句をつくりはじめた。子規の教えるところにしたがって、まず千句ぐらいつくらなければと思い、ひとりでこつこつやっていたら、例の級友が見せろという。「まだ千句にならないから。」と言うと、「いやに杓子定規だなあ。」と言うので思い切って少しばかり見せることにした。

漱石によると、子規には妙に師匠ぶる癖があったそうであるが、わたしの級友にもそういうところがあったものと見えて、わたしの句の一つ一つに○や×の印をつけたうえに批評まで書きそえて返してよこした。それを見ると、たいていが×ばかりで○のついたのはまことに寥々(りょうりょう)たるものであった。わたしは、たちまち意気沮喪(そそう)してしまった。どんな句をつくったのか、いまはもうすっかり忘れてしまっているが、公平なところ、あまり感心できないものばかりであったらしい。このとき以来、わたしは俳句をつくる才能はないものとあきらめてしまった。仮に万々一才能があったにしても、こんな事情でその才能はとみに挫折した——ということになるわけである。

もっとも、そののちも旅行したりしたときなど、知人へおくる絵葉書に、ときとして、十七字を並べることがないではない。たとえば、ストラズブウルに行って初めてライン河を見たとき「国境のつめたき水に石を投ぐ」と葉書に書いてだれかに出したといったたぐいであるが、こういうのは、おそらく、俳句という名に価しないものというべきなのであろう。

まず、さきに述べたような次第で、俳句をつくることは断念してしまったが、それでもそれからというもの俳句に対して関心をもつようになった。断続的にではあるけれど、暇があると俳句の本を手にとってみる習慣がついた。『猿蓑』をよんで凡兆に傾倒したりしたこともあった。蕪村句集に読みふけったこともあった。一茶――一茶だけはわたしには苦手であまり好きになれないのは是非もない。

こうして古人の句は少しずつ知るようになったが、つい近頃まで現代人の俳句というものはこれをほとんど読んだことがなかった。そのわたしが、この頃しきりと現代の俳句の本を読んでいる。ふと、山本健吉氏の「現代俳句」を読んだのがきっかけで、現代の俳句のすばらしさにおどろいているのである。少々これに凝っているといった気味がないでもない。数学屋のくせに柄にもない、と言われそうである。また、自分でつくれもしないで俳句のほんとうの味がわかるものか、とも言われそうである。

しかし、なんといわれようと現代の俳句を読んでいると、ひと知れず、楽しいのだからしかたがない。この楽しさ、この感動を何にたとえようか。佳句に接すると、心のおくに秘めた扉のひとつをほとほとと敲かれる思いがするとでもいおうか。これに比べると、小説や詩を読んで受ける感動はなにかしら暑苦しい――わたしにはそんな感じがしてならないのである。第二芸術であろうがあるまいが、そんなことはわたしにとってはどうでもいい。いまのところ、わたしには小説や詩よりも俳句のほうがずっと深い感動を与えるのはどうしようもないことなのである。こと好みに関するかぎり、わたしはどこまでも「ひとりよがり」の人間であるらしい。

もっとも、この頃しきりと俳句に夢中になっているのは、ことによると、特にわたしの専門である数学に対する反動であるのかもしれない。だれでも知っているとおり、数学ではいちいちの言葉にはっきりした定義が与えられ、ひとたび定義を与えられたうえは、その言葉は定義に盛られた以外の意味を表わすことは絶対にゆるされない。いいかえれば、その言葉がいついかなる場所におかれていても、前後の関係から何か特殊のニュアンスを帯びてくるなどというようなことはけっしてあってはならないのである。

ところで、たとえば、「方丈の大庇より春の蝶」という句が人を動かすのは、どういうところからくるのであろうか。方丈・大庇・春・蝶といった日常のごくあたりまえの言葉が「の」「より」「の」といった助詞によってある形につなぎあわされると、がぜん、いままでもっていなかったニュアンスを帯びて、そこにいうにいわれぬ雰囲気がかもし出される——まず、そういったものでもあろうか。

もしそうであるとすれば、方丈・大庇・春・蝶という言葉が、この句につかわれたために、ただの方丈・大庇・春・蝶ではないことになってくるわけである。こういうことは数学においてはもっとも好ましからぬことであるといわなければならない。たとえば、「三角形ノ大ナル辺ニ対スル角ハソノ小ナル辺ニ対スル角ヨリ大ナリ。」という定理に現われたがゆえに三角形・角・辺等の言葉が、ただの三角形・角・辺でなくなってはたいへんである。数学では、定理を書く人もまたこれを読む人もニュアンスを排除しよう排除しようとこれ努めるとでもいおうか。

このことは、とりもなおさず、俳句と数学とは表現に関しては正しく互いの対蹠点に位していることを意味するものといえよう。同じ地点にばかり長い間立っていれば、だれしもついには退屈していつかは動き出したくなるときがくるのは避けがたい。わたしもいつの間にか放浪癖が出て来て、ついつい、対蹠点にまでたどりついてしまったものなのであろうか。

数学は文学でも芸術でもないのにこんなことをいってしまって、人はあるいは笑うでもあろうが、こと表現に関するかぎりにおいては、いま述べたことは、あながちに、無意味ではない、とわたしは思っている。表現だけを問題にするかぎり、たとえば詩は小説と俳句との間に位し、また、たとえば小説は詩と数学との間に位しているというようなことをいえるような気がするのである。ついでに、哲学もまた表現のうえでは小説と数学との間に位するともいえようか。数学の本はいつでも他国語に翻訳することが容易であり、小説の翻訳は可能であるが詩の翻訳は困難であり、さらに俳句にいたっては、その翻訳はまず不可能に近いといった事情はいま述べたところを裏書するということができるであろう。

こう考えてくると、小説と俳句との間には飛躍的な距離があることは否みがたい。したがって、第一芸術、第二芸術といった区別もあながち無理な区別ともいえないような気もしてくるのである。ただし、区別は単に区別であって評価ではないのだから、いずれを第一と名づけ、いずれを第二と名づけるかは人それぞれの好みに任すよりほかはないであろう。もっとも、小説は数学に近く、数学は芸術でないことをこの際もう一度思い出しておくのもあるいは無駄なことではないかもしれない。

いつの間にか脱線して、つい理屈めいたことになってしまった。どうもお里は争われない。まだまだ理屈が出てきそうなのである。わたしはやっぱり俳句をただのんきに読んで、いい気持ちになっているにとどめておくほうが無事らしい。この雑文を読みかえしてみると、茶番の話からはじまって変な理屈に終わっているところなど、どうもまとまりのないことはなはだしいものがある。そればかりではない、くろうとの俳人からみたらここにわたしの書いたことなどは歯の浮くようなくだらないことの極致と思われるにちがいない。

やっぱり柄にないことはしないほうがよさそうである。俳句をつくることも、それから俳句についての雑文を書くことも。

（一九五二年六月）

塔ノ沢のことなど

　小さいころはあまり東京を離れたことがないので、温泉というものを知らずに過ごした。温泉に初めて入ったのは、二十歳になって高等学校に入学した年のことであった。入学してほどなく秋の半ばになると、年中行事の行軍があって、小田原に行くことになった。二泊三日の演習で、中一日は暗いうちに起きて払暁戦（ふつぎょう）をすますと、夜まで自由行動がとれる定めであった。

　友人に誘われるままに、三人づれで旧道越えに芦ノ湖畔に出て、湖を舟で渡り、姥子、大涌谷を経て新道を小田原まで歩いて帰った。だいぶ前のことで、途中のことはほとんど何も覚えていない。ただ、旧道の石畳を歩いているとき、片側の山の斜面にすすきが一面に密生していたのがつよく印象に残っている。澄みきった秋空を背景に、さわやかな秋の風がすすきの上を撫でるように渡っていった。

　朝から、ひた歩きに歩くばかりで、途中だいぶ疲れはしたが、大涌谷の湧湯で茹でた卵をたべると元気を回復して、塔ノ沢あたりまで下りたのは、まだようやく日が暮れかかろうとするころであった。

やがて塔ノ沢を過ぎようとするとき、つれの一人が急に

「ここで一つ温泉に入って、夕飯をたべていかないか。」

と言い出した。前々から温泉に対してはひどく好奇心を動かしていたので、私は一も二もなく賛成してしまった。

「同じ入るなら、なるべく立派なところがいい。」というのが、言い出した男の意見で、引き返して見わたしたあげく、環翠楼へ行くことに話が決まった。

うす汚れた制服に草鞋（わらじ）甲掛け、それに背中には浅黄色の背負袋を斜めにかけたいでたちで、拭き清められた上り口の土間に三人で立ったのは、いま考えると少し無鉄砲だったような気もする。しかし、宿の人たちは快く迎え入れて、相当な座敷に通してくれた。

窮屈な制服を褞袍（どてら）に脱ぎかえて、さてと足を投げ出して茶を啜（すす）っていたら、女中がお風呂場へ案内しますと言いにきた。

切戸を開けて入ると、中は一面に真っ白なタイル張りで、浅いまんまるの浴槽が、うすみどりに透き通った清らかな湯をまんまんとたたえていた。跳びこむと、湯は浴槽のふちを溢れて、惜し気もなく滑るようにタイルの上を流れて行く。豊かな感じがわけもなく私

を喜ばせた。

どっぷりと肩までつかって、手拭で顔をしめしながら、「温泉て、なかなかいいものだね。」と言ったら、いままで寮歌を鼻歌でうたっていたのが、「なんだ、初めてなのか。」と大いに軽蔑したような顔をして、今度はしきりと方々の温泉の講釈をはじめた。うるさいので、黙って「うん、うん。」と、上の空の返事だけしていたら、そのうちに、つれは二人とも上がって行ってしまった。

一人になってからは、初めての温泉を静かに存分に楽しんだ。あたまを浴槽のふちにのせて、脚を思うさま延ばして目をつぶっていると、かすかに湯の流れる音が耳にひびいてくる。木の香のしそうな板じきりの向こうにも浴室があるらしく、折々静かに湯をつかう音がしていた。

上の明かり窓から射す朝の日を身に受けながらこの湯につかったら、どんなに楽しいことか、などと考えているうちに、あまり長いので、つれに迎えに来られてしまった。やがて、夕食をしたためる頃にはもう日はすっかり暮れて、宿の部屋部屋には明かりがかがやいていた。そして、間近の部屋からは、三味の音に混じって、「ちょんきな、ちょんきな。」というなまめかしい女の声が聞こえてきた。

さっぱりした身体に再び草鞋をはいて、宿を出た頃は、もう十時近くにもなっていたであろうか。

歩き出すと間もなく、つれの一人が、「この世の名残り、夜も名残り……」と頓狂な声で歌いはじめた。すれちがった若い日本髪の女が振り返って、「あら、うまいのね。」と言ったので、やめるかと思ったら、なおさら声を張り上げて、「死にに行く身をたとうれば……」と続けるのには驚いた。

塔ノ沢にはその後一度も行ってみない。長い年月の間に改築もしたであろうし、私が初めて温泉を味わった浴室は、影も残っていないかもしれない。曾根崎心中を怒鳴った友も、その後大学を出るといくばくもなく、自ら世を早くしてしまった。

塔ノ沢とは関係はないが、この行軍のあとで学校で書いた作文を筺底からとり出してみると、大涌谷のあたりのことを次のように書いてある。

……かみさんは、さびしい笑いを浮かべながら、さすが商売柄なことをいう。前髪もない、ただ無造作に前からひっぱって、あたまのうしろでまるく固めただけの髪だ。年は二十七、八か、日にやけて黒い顔に一種の青味があるのは、この不健康な土地にいるせいであろう。声もしわがれて、細かいよごれた縞の筒袖を着た後ろ姿はなんとも哀れである。

いかなる縁かは知れない、いかなる里にも、人は生まれ、人は嫁し、人は死ぬであろう。ただよりによって、この山の中の一軒屋に、しかも、いついかなる危険のくるかもはかられない土地に、ただ夫一人をたよりに一生を暮す女は哀れである。その生んだ子も哀れである……

いかにも少年らしい感傷で、いま読み返すとうすら恥ずかしい感じがするが、実はこの箇所には、先生の朱筆で、「生きなければならないから。」と、本文に劣らぬ感傷的な批評が書き込まれているのである。

よく考えてみれば、作文を直してくださったその先生も、そのころはいまの私よりも年がお若かったのだ、とそう思うと、歳月の早さをいまさらながら身にしみじみと覚えるのである。

（一九四二年一月）

白林帖

学齢

バスの停留所のそばで、机の上に紙をひろげて、その上に人の顔や手の画を描きながら、人相、手相の講釈をしている男がある。まがいもののパナマに夏羽織、夏袴といういでたちで、そのうえ、髯まで生やして至極もっともらしい顔でしゃべっているのだが、いつも短い間しか聞いていないので、どうやって金を儲けているのかわからない。

この間の土曜の昼すぎ、同じ場所でバスを待っていたら、人を寄せるにはまだ人通りが十分でないと見えて、机のそばで人相見とその知り合いらしい洋服を着た男とが、のんきそうに立ち話をしていた。

聞くともなしに聞いていると、洋服が「ときに、上のお子さんはいくつにおなりですかね。」とたずねている。

「もう七つになって、来年は学校へ行きますんでね。おやじがいつまでも大きな声で馬鹿なことをしゃべっているのは、実のところ、少々気がひけますよ。」と真面目な顔で人相見は答えていた。

（一九四〇年八月）

女優のあくび

有声映画がようやくわが国でも製作され出したころのことである。

ある映画を見ていたら、主役の女優が、ラヴシーンのところで突然あくびをした——と思った途端に、会話がはじまった。後時録音（アフターレコーディング）が少しずれていたのである。

無声映画の時代には、同じ女優が口を開いたとき、これをあくびと思いちがえたことは一度もなかった。

有声映画と無声映画とで、こんな相違が起こるのは何によるのであろうか。

女優が口を開いた瞬間における私の眼や耳の状態は、いずれの場合においても、まったく同じであったはずである。

この瞬間だけを切り離して考えていては、問題の解決は得られそうにもないようである。

（一九四二年一一月）

北国のにおい

「海産おかず」という看板を掲げたささやかな店さきでの会話である。

　セイラー服の女学生が入って来て、おかみさんに言葉をかけた。

「おばさん、この間東京に送ってもらった鮭ね、着いたって手紙がきたわよ。どうも、ありがとう。」

「ああ、そう。なんて言ってきたの。うまいって言ってきた？」

「ええ、とってもおいしいって。それからね、北海道のにおいがするかしらと思って、わざわざ嗅いでみたんですって。」

「なんだって？　まさか、腐っていたんじゃないだろうね。」

「そうじゃないのよ。あのね、北海道のね、においをね、嗅ごうと思ったっていうのよ。」

おかみさんは、怪訝（けげん）そうな顔をして、しばらく少女を見つめていたが、やがて、ただ一言、

「ばっかだね。」

と、吐き出すように言って外方を向いてしまった。

（一九四二年一月）

養狐場

友人と山道を散歩していたら、養狐場の前へ出てしまった。大きな看板に「縦覧自由」と書いて、その英訳まで添えてある。

せっかくだから、その自由を享受しようと中へ入って行くと、柵があって、そこに「無断出入を禁ず」という札がかかっていた。「少し変だね。」と言ったら、友人は「なあに、いくら見てもいいが、黙って見てはいけないというんだろう。」と言う。なるほど、係の人を探し出してたずねたら、「どうぞごらんください。」とべつだん不思議な顔もしなかった。

中へ入ってみると、二坪あまりもあろうと思われる掃除のいき届いた檻が数十も並んでいて、そのおのおのに見事な銀黒狐が一頭ずつ飼ってあった。近づくとなつかしそうに傍へ寄って来て、きょとんと人の顔を眺めているようすが可憐である。

さすがに美しい毛並をしているが、これがいつかは貴婦人たちの肩に乗って街中をゆられていくのかと思うと、ちょっと妙な気持ちがした。

帰りがけに気がついてみると、構内に立派な稲荷様があって、赤い鳥居が十ばかりも建ち並び、正一位稲荷大明神の旗がそよ風にゆらめいていた。

（一九四〇年八月）

論証

レオ十世というのをラテン語で書くと、

　　Leo Decimvs

である。これを

　　Leo DeCIMVs

と書いて、大文字だけをとり出して次のように並べかえる。

　　MDCLVI

Mは mysteria（神秘）を表わすのだから、これを取り除いて「十世」を表わすXを加えると

　　DCLXVI

となる。

これをローマ数字と見れば、六百六十六を表わす。

六百六十六は、ヨハネ黙示録[*]にある獣の数である。

だから、レオ十世は獣である…………

こういう論証が真面目（？）に行なわれた時代があった。

レオ十世は十六世紀初頭に威権をふるったローマ法皇の名である。そして、こういう論証を行なったのは、ルテルの宗教改革に一役つとめた数学者シュティーフェル（Stifel）であった。

＊此獣の数を算えよ獣の数は人の数なりその数は六百六十六なり（ヨハネ黙示録第十三章第十八節）

（一九四二年一一月）

桜の花びら

長女をつれて散歩に出かけた。

春である。北国のこととて、あらゆる花が一度に咲きそろっていた。

菜の花畑の黄色いのをしばらく眺めていたら、長女が、

「菜の花は花片が四つあるのね。」

と言う。この四月から、学校で理科を教わりはじめたのである。

「それじゃ、桜の花はいくつ花片があるかね。」

と、きいてみた。ちょうど、傍の家の庭の桜が生け垣の外へ枝をさし出して、こぼれるように花をつけている。

長女は、しばらく上を仰いで眺めていたが、やがて、

「まだ、習わないの。」

と言って、にこにこしていた。


（一九四二年五月）

黒と白

学術雑誌の記事を写真に撮って参考のために保存しておくということはよく行なわれていることであるが、数年前、私のいる学校のある学部で、そのために特別な装置を設備することになった。ふつうの写真とちがって乾板やフィルムを用いずに、直接記事を印画紙にうつすので、だいぶ経済的になるというのである。

その学部にいる友人が、この装置でうつした写真を見せてくれたが、なかなかはっきり撮れていて、これなら十分間に合う。ただ、いまいったようなわけで、この写真は陰画なので、紙全体が黒地になって、文字や挿図などが白く現われている。「これがしいていえば欠点だろうね。」と言ったら、友人は「しかし、黒地に白と、白地に黒と、本来どっちが読みやすいものか、君は研究したことがあるのか。」と開き直ってきた。

そういわれてみると、なるほどこれは一概には断定できないことに相違ない。ただ「われわれは昔から白地に黒字というものに慣れきっているから、現在のわれわれとしてはやはりそのほうが読みやすいことは疑いない。実際、筆書きにせよ、印刷にせよ、白地に黒、もしくは類似の色の字でないものはめったにないのだから。」と言うと、友人も「それもそうだね。」と、ひとまず賛成したようであった。

二、三日たって、ふと考えてみると、二人とも教師でありながら、毎日使っている黒板は黒地に白く書くのだということをすっかり忘れていたのであった。

（一九四〇年八月）

艶書蒐集

恋文を蒐集している男があった。

歴史上知名の人の恋文を、書物の中から書き抜いて集めるというのではない。ぜんぜん知らない名もない人の肉筆の恋文を眺めて悦に入っているのである。

どうして手に入れるか、ときいたら、「なあに拾ってくるのさ。」という。なるほど、しわくちゃに、しかも破れているのを、ていねいにパラピン紙に貼りつけたのさえあるようである。こういうものを街で見つけ出すのに特別な勘をもっているらしい。なんにしても、ずいぶん妙な道楽である。

この男のことをある先輩に話したら、「君、その男は遊びに来るとひとの机の抽き出しをかってにあけやしないかい。」ときかれた。そういわれれば、そういう性質も少しはあるようである。

（一九四二年一一月）

鈴の音

私の小さい時分には、なにかというと、新聞が号外を発行した。威勢のいい売子たちが、鈴をたくさん腰につけて、りんりん鳴らしながら、街中を走って号外を売り歩いたものである。

パリの郊外に住んでいたころ、昼すぎになると、ときどき兎の皮を買って歩く商人が荷馬車に乗って家の前を通りすぎた。そのたびに、荷馬車の鈴がりんりんと聞こえる。私は、これを知っていながら、よく号外かしら、と錯覚を起こして腰を浮かしたものである。

いま住んでいる札幌でも、冬になると、馬橇（うまぞり）が鈴をつけて雪の上を走る。私は、暖炉のそばでその音を聞きながら、子供のころ聞いた日本海海戦の号外の鈴の音をかすかに思い出している。

（一九四二年一二月）

教訓

雑誌を読んでいたら、次のような話が載っていた。

ある富豪が、一人の高位高官の人を邸に招待することになった。その日は朝から準備に忙しく、下男は邸のまわりを一所懸命掃き清めていた。すると、そこへあまり身なりの立派でない男が通りかかった。下男が、「きょうはお客さまで忙しいのだが、駄賃をやるから、お前も一つ手伝わないか。」と言うと、その男は素直にいうことを聞いて、いっしょにはたらきはじめた。

やがて時刻も近づいたので、邸の主人が見まわりに門口に出てみると、見なれない男が掃除を手伝っている。よく見ると、その男は、その日に招待した当の珍客なのである。ふだんから無頓着な人で、身なりもかまわず早めに徒歩で出かけてきたのであった。下男が、主人からお叱りを受けたことはもちろんである。

だから――と、この物語は結んであった――人を身なりで判断してはいけない。

ほどを経て、また別の雑誌に同じような物語が載っているのを見つけた。高位高官の人というのが今度は有名な将軍となっているが、話の筋はまったく同じであった。ただ、最後に加えられた教訓だけがちがっていた。

すなわち、今度の雑誌には、

だから、人は身分相応の身じまいをすべきである

と書いてあったのである。

（一九四二年一月）

深海魚

深海魚の中には、あたまのさきに提灯のようなあかりをつけているのがある。

海の底は暗いのである。

そうかと思うと、どうせ暗いのだからとあきらめたのか、ぜんぜん眼のない深海魚がいる。

人間にも、それに似た二種類があるらしい。


（一九四二年六月）

歩く練習

電車に乗る人を見ていると、たいていの人が一度は踏段の上で立ちどまる。病人でもないかぎり、家の階段の中途で中休みする人はあまりないのに、ちょっと不思議な気がする。家の階段のきざみは足幅にちょうどよく合うようにできているからだ、という説明は成立しそうもない。二段ずつどんどん昇って行く人もあるからである。

電車の場合は、おそらく、一度踏段の上に身をおくと、ともかくも、もう電車に乗り込んでしまった、という安心の気持ちがはたらいて、思わず落ち着いてしまうのではないかと思われる。これが端的に表われるのは、今はもうそういうことはできなくなったが、飛び乗りのときであって、私はまだ、飛び乗りをした人が、踏段でとまらずに、そのままとんとんと車内に入り込んだのを見たことがない。

これは、あとから飛び乗るものにとってはたいへん邪魔になることなので、私は、飛び乗ったらとまらずにそのまますぐに車内に入り込むように試みたことがあるが、一度ではなかなかうまくいかなかった。二、三度練習して、ようやく上手にやれるようになった。

あるとき、何をするにも練習がいるという例としてこんな話をしたら、「そんなことに練習なんかいるものか。」と一笑に付されてしまった。しかし、それから後も、その笑った男が飛び乗りをすると、いつも踏段でぐずぐずしているので、そのたびにあとから飛び乗る私は迷惑したものである。

この男は、自分が踏段の上に滞留して人の邪魔をしていることを意識していない。ことによったら、いま自分が歩くことができるのも、幼いときに歩く練習をしたおかげだということを忘れているのかもしれない。

（一九四二年七月）

あくび

あくびはうつると言われる。

実際、電車の中などで一人があくびをすると、乗合の人たちが次々とあくびをするのをよく見受ける。

あくびの黴菌があるのかしら、と言ったら笑われてしまった。みんなあくびが出そうになってそれを抑えているときに、一人が口火を切ると、他の人も遠慮を捨ててあくびをはじめるのだ、とある人が心理的な説明を与えてくれた。

ところで、プラトンの対話篇の一つに、

「人の前であくびをするとあくびがうつるように……」

という一節がある。ギリシャ時代にも、あくびはうつるものと思われていたらしい。あくびのうつるわけを、ギリシャ人はいかに考えていたであろうか。この時代に、黴菌というものがまだ発見されていなかったことだけはたしかである。

（一九四二年一一月）

宿　題

教育に熱心な夫人があった。

子供が学校から帰ってくると、まずなにをおいても宿題をやらせて、その監督をする。それがすむと、初めておやつを与えるのであるが、その日その日の宿題の出来不出来によって、お菓子の数を加減することにしていた。つまり、間違いが一つあると、お菓子を一つ減らす、という定めなのである。

母夫人のこの丹精のせいか、その子供たちはみんな出来がよく、いつも優等ばかりとってきた。

この話を聞いて、ある有閑夫人が、「でも、その差し引いたお菓子はどうするの。」と余計なことをたずねた。すると、その夫人は淡々と、「もちろん、わたしが食べるのよ。」と答えた。

（一九四二年一月）

トランプ

二人でトランプをしているとき、相手の不注意から、その持ち札が全部こちらに見えてしまうことがある。

そのまま勝負をつづけると、私の立場はたいへん有利である。相手の手のうちがわかっているのだから、たいていは私の勝ちになる。

勝ちになるのは結構だが、よく考えると、これではほんとうに勝ったような気がしない。トランプは、相手の持ち札が見えないものとして、そのうえでいろいろと判断を下して勝負を争うのが建前である。この建前を破っては、勝負は成り立たない、と考えるのがほんとうであろう。

ところで、それでは相手の持ち札を見なかったときの心持ちにかえって勝負をしたらどうか、といえば、そんなことはとうていできるものではない。とっさの間に、いま見たばかりの相手の持ち札をきれいに忘れてしまえるほど、人間の頭脳は便利にできていない。そうかといって、わざわざ自分にとって不利とわかっている札を出すのは、トランプが勝敗を争う遊戯であるという趣旨に反する。

こういう場合には、札をまき直して、改めて勝負をし直すよりほかに道はない。しかし、そのためには、最初に行なおうとしたあの一勝負は永遠に闇の中に葬られることになる。人生において、「どうにもならない」場合がよく生ずるが、いまのトランプの場合もそういう場合の縮図の一つではないであろうか。

（一九四二年一二月）

夏服

北国とはいっても、真夏になると札幌もなかなか暑い。このごろは、白麻の洋服に白靴、それにパナマ帽子、ネクタイもなるべく涼しい色のをかけて学校へ出かけることにしている。

ある日、行きの電車の中で同僚二人ほどと乗りあわせて、校門から理学部のところまでいっしょに歩いた。一人が、私の白服を見ながら、「札幌の夏は、べつだん白いうすいものを着なくても、そう暑さにはちがいがない。ただ、よそから見た目が涼しいだけだ。」と言う。つれの二人を見ると、いい合わせたように、霜降りの毛の間着(あいぎ)に開襟シャツという、札幌の夏に対しては最も効果的な格好をしている。

私は、ふと、美人というものは、鏡を見るときのほかは自分の美しさを享楽しないものかしら、と考えてみた。そして、美人の心持ちというものを、少しばかりのぞいてみたような気持ちがしたのである。

（一九三九年七月）

穴

日曜の朝、新聞を読んでいたら、うちの子供が駆けこんできて、「××さんが怪我をした。」という。よくきいてみると、近くに住んでいる知人の男の子で五歳になるのが、普請場に掘ってある穴に落ちたというのである。

その日は朝からその子の両親が留守なことを知っているので、とりあえず駆けつけてみたら、怪我とはいってもほんのかすり傷で、もう××さんはマーキュロクロームで赤く染まった足をひきずりながら、元気よく遊んでいた。

「どうしたんだい。」ときいてみると「高い穴へ落ちて怪我をしちゃった。」と言う。「高い穴は変だな。深い穴っていうんだろう。」と言うと、「ううん、高い穴だい。落ちてから出ようと思って背のびしたけど、手が届かなかったんだよ。」と言って、彼方へ行ってしまった。

なるほど、「深い穴」というのは、他人が外から見たときの話で、穴の中に落ちた本人が使うべき言葉ではなかったようである。

（一九四〇年八月）

花

通勤の途中、電車の中で同僚といっしょになった。雑談をかわしているうちに、突然、同僚が「ああ、きれいだ。見たまえ。」と言う。みると、電車は花屋の前にとまっていた。

花屋の店には、赤や黄や、そのほか色さまざまの花が、緑の葉と入り混じって、いっぱいにならんでいる。硝子を通してみるせいか、なんだか、下手（へた）な極彩色の絵を見るようで、私には、美しい感じが少しもしない——というよりも、むしろ、きたならしい感じがさきにたった。

花の一つ一つは、たいていの場合美しい。しかし、これが相集まったとき、しかもそれが美しいためには、配置に特別な考慮が必要である。日本の活花、西洋の造園術は、花の配置を美しく見せる芸術にほかならない。

花は美しい、といつでも決めてかかると、もののほんとうの姿を見失うことがありはしないか。

こんなことを考えているうちに、花がきたないなどといって、私は少し素直でないのかな、と思い返してみたりした。

（一九四二年一月）

バスの転覆

私のいる避暑地の近くでバスがひっくり返った。なにしろ五十人近くもいっぱいにつまっていたので十数人の負傷者を出し、一時はたいへんな騒ぎであった。ホテルの広間でもこの出来事で夕飯後の雑談がだいぶ賑わった。「バスがとまったとき腰かけていた乗客まで一時に立ち上がったのがいけなかった。」だの「運転手はなんでも二十年もの経験者だそうだ。」だのと、いろいろの話がでたが、ともかくも翌日からはあのバスも今までのようにはこまなくなるだろう、というのがみんなの一致した意見であった。

ところが翌朝になってみると、相変わらず鮨詰のバスに、ホテルの客がさらに五、六人、むりやり乗り込もうとして先を争っている。前日の椿事などまるでけろりと忘れたかのようであった。

あるいはこの椿事もあまり一般には知れ渡っていないからかと思ったが、その日の東京の新聞を見ると負傷者の姓名まで列記して立派に記事が載っているのである。

ふと運転手の年齢が三十三とでているのに気がついて、私の前に座っている泊り客にそのむねを伝えてみたら「ははあ、そうですか。まだ若いですね。」と言って、すましている。そしてしばらくたって来合わせた人に、また「なにしろ二十年も経験を積んだ運転手だそうで。」とやっていた。

（一九四〇年八月）

右の眼

長男が小さかったころ、玩具の木銃を買ってやったことがある。

銃の扱い方を知らないというので、私が頬だめにして射つ真似をしてみせた。子供はそれを覚えて、それから毎日銃を右肩にあてて、「ドドン、ドン。」と口で銃声を発しながら遊んでいた。

ところが、よくみると、のぞきをつけるとき、右の眼をしっかりとつぶっている。私が教えたとき、左の眼をつぶって照準を定めるのを見て、なんでも片眼をつぶりさえすればいいものと思い込んだらしい。

そこで、左の眼をつぶるわけをていねいに説明してやると、よくわかった、という。その後、二、三度は神妙に左の眼をつぶってやっていたが、しばらくたつと、もう右の眼をつぶってドドン、ドンとやっている。

右の眼の方がつぶりやすいのである。

考えてみると、照準は問題にならないらしい。この銃で射つ弾丸は、いつでも敵兵に命中しているのである。

（一九四二年一一月）

あとがき

この本には私が昭和二十四年（一九四九年）札幌から東京へ移り住んだ直後に書いた雑文と、それから昭和十八年（一九四三年）に出版された私の最初の雑文集『白林帖』のなかの数編をおさめた。出版されたのは昭和二十七年（一九五二年）であるが、その翌年、はからずも、第一回日本エッセイスト・クラブ賞を与えられることになった。

このことが新聞紙上に発表されたとき、そういうクラブの存在さえ知らずにいた私にとって、それは思いもかけぬ驚きであった。と同時に、発熱して病臥中の身にとり、格別のよろこびであったことは言うまでもない。

こんど、その本が河出文庫の一つとして再び世に出るはこびになった。何にせよ、三十余年前に書いたものばかりなので、今日の世相とくいちがった部分があるのは是非もない。しかし、出版社からの要請もあり、一切もとのままで手を入れることはしなかった。ただし、原文は旧仮名で書いてあるので、これを新仮名に直し、多すぎる漢字の一部を仮名に変えて、今日の読者にも読みやすいものにしてもらった。この面倒な仕事を引き受けて下さった河出書房編集部の方々にお礼を申し上げておきたい。

なお、本文中の「四色の地図」の中に書いたいわゆる「四色問題」は、数年前コンピュータを使って肯定的に解決されたことをことわっておこう。

もう一つ、昭和四十四年（一九六九年）、それまでに私の書いた雑文全部を集めたものが、角川選書の一つとして発行された。そのとき、ふたたび『数学の影絵』という書名を用いたが、こんど、もとの本が文庫本になるために、少々まぎらわしいことになった。角川選書の『数学の影絵』とこの文庫本とは、まったく別物であることをおことわりしておく。

最後に、この本を河出文庫として世に出すについては、河出書房の阿部昭氏にいろいろお世話になった。厚く感謝の意を表する。

一九八一年九月

吉田洋一

文庫版解説　影絵に宿る数学の神秘

高瀬正仁

著者紹介

吉田洋一先生は数学書の超ロングセラー『零の発見』（一九三九年、岩波新書）の著者として広く知られている数学者である。北海道帝国大学の数学科の創設メンバーでもあり、日本の近代数学史を語るうえで吉田先生の名を逸することはできない。吉田先生は一八九八年七月十一日、東京に生まれ、東京府立第四中学（現在の都立戸山高等学校）から第一高等学校（東京大学教養学部の前身。略称は一高）を経て一九二三年、東京帝国大学理学部数学科を卒業して一高の教授に就任した。一九二六年、北海道帝国大学に理学部を設置することが決まり、吉田先生は教官候補者のひとりに選定されて文部省在外研究員としてフランスに留学した。パリ逗留のおり、一九二九年四月二十七日と二十八日の二日間にわたって洋行中の教官候補者たち十数人がパリに集い、理学部の運営をめぐって話し合いがもたれた。北大理学部の第一回教授会と語り伝えられている伝説のパリ会議で、出席者の中には実験物理の中谷宇吉郎先生もいた。理学部の学則が決められたのもこのときである。

一九三〇年、北大に理学部が設置された。帰国した吉田先生は東京を離れて札幌に向い、数学第三講座（解析学）担任の教授に就任した。初年度の教官は二人きりで、吉田先生のほかには数学第二講座（幾何学）担任の河口商次助教授があるのみであった。各地の高等学校を卒業して北大に入学する学生たちのうち、初年度の数学科の学生は九名である。北大の数学科は吉田先生の赴任とともにこうして小さく発足した。

一九四九年、吉田先生は在職二十年の北大を離れて立教大学教授になり、退職後の一九六五年には埼玉大学教授に就任した。

吉田先生の著作は多い。『実変数函数論概要』（共立出版）、『函数論』（岩波書店）、『微分積分学序説』（培風館）、『微分積分学』（ちくま学芸文庫）、『点集合論入門』（培風館）、『ルベグ積分入門』（ちくま学芸文庫）、『数学序説』（共著、ちくま学芸文庫）などの数学書のほかに、『白林帖』（甲鳥書林）、『人間算術』（角川書店）、『数学者の眼　現代を生きるヒント』（講談社現代新書）、『数と人生』（新学社文庫）、『数学の広場』（学生社）、『歳月』（岩波書店）のような多くのエッセイ集がある。フランスの数学者アンリ・ポアンカレには数学に取材したエッセイ集があるが、吉田先生は同じくエッセイを書く数学者としてポアンカレに親しみを感じていたようで、ポアンカレの著作『科学の方法』、『科学の価値』の翻訳も手掛けている。

『白林帖』から『数学の影絵』まで

『数学の影絵』には長短合せて四十九編のエッセイが収録されているが、そのうち四十九篇はエッセイ集『白林帖』から採録された。他の十篇は立教大学に移ってまもない一九五〇年から一九五二年にかけての作品であるから、本書は『白林帖』を土台として編まれたアンソロジーである。『白林帖』は一九四三年四月二〇日付で甲鳥書林から発行された。吉田先生は中谷宇吉郎先生と親しく、巻末の「あとがき」に、「無精な私がともかくもこれだけのものを書いたのは、ひとえに畏友中谷宇吉郎氏の煽動によるものであつて、……」と記されている。戦中の諸事情により甲鳥書林の事業は養徳社に引き継がれ、戦後の一九四六年に養徳社版の『白林帖』が刊行された。

『数学の影絵』は一九五二年七月、東和社から刊行された。好評を博し、翌一九五三年八月、前年制定されたばかりの日本エッセイスト・クラブ賞の第一回受賞作品になった。それから三十年がすぎて一九八二年に河出書房新社の河出文庫に入ったが、その際、仮名遣いを直し、漢字の一部を仮名に変えるという措置がとられた。この河出文庫が本書の底本である。『白林帖』の刊行のころを振り返ると、このたびのちくま学芸文庫にいたるまで実に八十年という歳月が流れている。テーマと文章に魅力があり、時代を越えていつまでも読み継がれるエッセイ集である。

『数学の影絵』に収録された「算術で苦労した話」を紹介したいと思う。表題のとおり、吉田先生は数学の学習に苦労を重ねたとのことで、つまずきの体験に沿っていくつかの事例を挙げている。最初のつまずきに遭遇したのは小学校一年生のときで、「5から5をひくと0になる」と教わってびっくりしたという。リンゴが5個あって3個を食べてしまえば残るのは2個である。そこで5から3をひけば2になることを理解するのに支障はなく、よくわかる。だが、5個とも食べてしまえば何も残らないのであるから、5から5をひいても答が出てこないではないか。だから、5から同じ5をひくことができるとは思いもよらないことだったというのが吉田先生の回想である。

5から5をひくと0になると答えるには0が発見されていなければならないであろう。後年の著作『零の発見』の書名に通じる気配の感じられるエピソードである。

第二のつまずきは三年生のころ教わった少数である。1を3で割るといつまでも割り切れず、小数点のあとに3という数字がどこまでも続いていく。この現象が腑に落ちなかった。半紙を三つに折ることはできるのに1を3で割ると「あたりまえの小数」になってくれないのが、少年の日の吉田先生にはいかにも摩訶不思議に思えたのである。ところが小学校の高学年になって分数を習うと1／3という数が現れて、これが1を3で割るときの答だという。これには何だか馬鹿にされたような気がしたが、それからまた中学校に進むと、今度は0.9999…は1なのだと教えられた。あまりにも不可解なことで、どうしても納得がいかなくて大弱りだった。これが第三のつまずきである。こんなふうにあれこれと悩まされながらも別段数学が嫌いになることもなく、吉田先生は数学者になった。素朴な疑問に誘われて数学とは何かという思索に向い、かえって数学という学問の不思議な魅力にこころをつかまれてしまったのであろう。

「反省と出発――科学史について」は一九四二年四月の作品で、ここでは近年日本でも目立ってきたという科学史研究の話題が取り上げられている。日本は西洋の学問の輸入をめざし、その時代時代に応じて当時の尖端的な部分を取り入れてきた。尖端を行くといえばいかにも躍進的で目覚ましい行き方のような印象を受けるが、尖端を取り入れるということは、言い換えれば尖端のあとを追いかけることにほかならない。尖端を真に尖端ならしめる努力は決していわゆる尖端的な色彩を帯びるものではない。今までの輸入の仕方にはこのような地道な方面を閑却していなかったとはいえず、いわば花だけを摘んで、その根幹は捨てて顧みなかった嫌いがないではなかったと吉田先生は指摘した。西洋に学ぶという営為の本質に触れていて、実に鋭い指摘である。顧みて八十年の昔の発言であることも瞠目に値する。

数学の影を見る

数学と数学史そのものを語るエッセイは「反省と出発——科学史について」のほかにもある。「算術以前」の話題は集合論と数学基礎論である。「数学とは何か」では数学における公理主義と抽象化が説かれ、「動く地球、動かぬ地球」ではガリレオ・ガリレイと地動説にまつわる有名なエピソードが取り上げられて、近代科学史をめぐる考察が繰り広げられている。「四色の地図」は甲子園の野球大会の試合数を勘定することから説き起されて、集合論、数学基礎論、位置解析学と展開して四色問題に及んでいく。一九三四年三月のエッセイ「アンリ・ポアンカレ」はポアンカレ小伝で、早くからポアンカレに関心を寄せていた様子がうかがえる。どれもみな面白いが、これらの大きなテーマとは別に、日々の生活に射し込んでいる数学の影を観照するのも吉田先生のエッセイの魅力である。

一例として一九四二年十一月のエッセイ「出鱈目(でたらめ)」を紹介したいと思う。吉田先生はあるとき友人から、直径十センチばかりの円の中に点を三十個ほどでたらめに打ってほしいという奇妙なことを頼まれた。そういうものを五つか六つ作ってくれればなおさらありがたいという。なんでもないと思い、さっそくやってみることにして、机の上に紙を広げてコンパスで円を書き、適当なところに鉛筆で点を打った。ここまではなんでもないが、さて第二の点を打とうとしたときためらいが生じた。第二の点が最初の点と同じ直径上にあったり、同じ同心円上にあったりするとでたらめではないような気がしたのである。吉田先生はこの点に留意して第二の点を打った。続いて第三の点を打とうとしたところ、困惑はいっそう高まった。第二の点を打つときの用心に加えて、三個の点が同じ直線状にないようにするとか、正三角形の頂点にあたる位置を占めないようにするとか、用心すべき点が増加してでたらめにするのが困難になったのである。こんなふうにして十個ほどの点を打ったところですっかり気疲れがして、とうとう投げ出してしまった。でたらめということについて漠然とした概念があり、それがじゃまをしてでたらめに点を打つことができないのである。ではそもそも「でたらめ」とはいかなる概念なのであろうかと反省し、あれこれと思索をめぐらしていくというふうに、吉田先生の話は進んでいく。規則的ではないことがでたらめなのであろうか。あるいはまた人為的ではないということと解すべきなのであろうかと、平明な言葉で自由に広がっていく論証をたどるのはとても楽しい。

これだけでも十分におもしろいが、末尾にオチのような後日談が附されていて笑いを誘われる。この「でたらめ」体験ののちに友人に会い、頼まれた仕事はできないと率直に断り、「でたらめ」の概念と悪戦苦闘して実りがなかったことを伝えた。すると友人は、「どうも、君はむずかしく考えすぎるね」と言って、吉田先生がそうしたように机上の紙に円を描き、目をつぶったまま鉛筆で紙の上にポツン、ポツンと点を打ち始めた。円からはずれることもあるが、ときおり目を開けて円内の点の個数を数え、三十個になるまで続けていった。友人の依頼はこれで友人自身の手で実現したのである。できあがった図を吉田先生に突き付けて、「こうすればわけないいじゃないか」と笑った。呆気にとられた吉田先生はただ見ているばかりというありさまになり、それなら友人はいったい何のためにこんな仕事を依頼したのであろうかと尋ねることさえ忘れてしまったというのであった。吉田先生のエッセイは最後の最後がおもしろい。

「数学の影絵」より

本書には「数学の影絵」という書名を語る言葉は記されていないが、原本の『白林帖』には「数学の影絵」という表題のエッセイが収められている。数学における抽象とは何かということを身近に題材を求めて解き明かそうとするおもしろい作品で、今も読むに値するにもかかわらずアンソロジー『数学の影絵』には採録されなかった。戦中の一九四二年の一月の作品であり、時局を反映する数語が散見するためであろうと思われるが、吉田先生は「数学の影絵」という言葉に愛着があり、書名に残すことにしたのではないかと思う。

エッセイ「数学の影絵」は「数学という学問は余り人から好かれない」という言葉から始まっている。わけても女の人にはよけい嫌われていて、現に吉田先生は、ある若い女性は本の中に「幾何学」の一語が出てきたというだけでもう読む気がしないと投げ出してしまったのを見たことがあるという。数学が嫌いな理由として、その女性は無味乾燥だからという理由を挙げたが、無味乾燥というのは抽象的であることを指しているのであろうと吉田先生は推定した。そこで数学に於ける抽象とは何かということを考えていくのが、このエッセイの主題である。数学の抽象的な概念は日常の言葉の中に案外ふんだんに入り込んでいると吉田先生は言う。数学の影絵という言葉はこのあたりの観察に由来しているのである。

吉田先生は「形」という言葉を例にとった。形という言葉を使わないまでも頭の中で「形」を暗々裡に考えていることは非常に多い。たとえば、小さい活字の本を虫眼鏡で拡大して読むのは、拡大された活字が、大きさこそちがうもののもとの活字と同じ「形」をしていると考えるからである。では、「形とは何か」と問われたらどう答えたらよいのだろうか。吉田先生はこのように問いを提出し、相似という言葉に手がかりを求めて考察を進めていく。暗い部屋の中に一本の小さなローソクを灯してみる。蠟燭と壁の間に甲という人物が立てば壁にその影が映る。頭の影の輪郭を鉛筆で壁の上に描いておく。それから甲が退いて、今度は乙という人が頭の影を映す。甲と乙の頭の大きさは異なるとしても、乙が立つ場所をうまく調節すると、乙の影が甲の影の輪郭とぴったり重なったとする。このとき乙は甲と相似であると言うことにする。これで二人の人物が相似か否かが規定された。

甲乙二人のほかにもうひとり、丙という人物が同じ部屋にいたとする。甲が部屋を離れ、甲の影絵も消してしまった場合、丙と甲が相似か否かを判定するにはどうしたらよいだろうか。この場合には乙の影絵の輪郭を描き、丙と乙が相似か否かを判定する。丙が乙と相似で、しかも乙が甲と相似なら丙は甲と相似であることが判明するという手順を踏むのである。このような比較法の要点を再現すると次のようにまとめられる。

一、甲は甲自身と相似である。（反射の性質）
二、乙が甲と相似なら甲は乙と相似である。（対称の性質）
三、丙が乙と相似で、乙が甲と相似なら丙は甲と相似である。（転移の性質）

甲乙丙の影絵を描いて観察すればこれらの性質はみな明らかである。そこで視線を転じて、一般に反射、対称、転移という三つの性質により相似関係というものを定め、相似関係を用いてあらゆるものを分類するという方針を立て、同じ区分けに所属するものは何かしら共通の性質をもっていると考えて、その共通の性質を抽出してそれを「形」という言葉で言い表すことにする。甲乙丙という人物を離れて反射、対称、転移という相似関係のみに着目するのであり、このようなやり方を「抽象」と呼んでいるのだと、吉田先生は数学における抽象を説明した。

数学は抽象的で無味乾燥だという話から始まって、思わず抽象ということについて抽象的な話になってしまったと吉田先生は最後に述懐し、私の若い女の友人はこれを数行読んだだけで投げ出してしまうであろうかと全篇を結んだ。小さなローソクの影絵に託してユーモアの漂う平明な文章で数学の姿を描写する名品である。

日常のユーモアを拾う

日常の生活には数学を離れてもそこはかとないユーモアが漂っているものである。そんなユーモアにあたたかな目を向けるのも吉田先生のエッセイの魅力である。一九四〇年八月のエッセイ「黒と白」で語られているのは学術雑誌の記事を写真に撮って保存する話である。北大のある学部では特別の装置を設置し写真を撮ることになった。この装置は普通の写真と違って乾板やフィルムを使わずに直接記事を印画紙にうつすので経済的になるという。その学部にいる友人が見せてくれた写真はきれいに撮れていたが、陰画のため、紙全体が黒地になっていて文字や図は白く浮き出ている。そこで、強いて言えばこれが欠点だろうねと吉田先生が指摘したところ、黒地に白と白地に黒はどっちが読みやすいかという話題になった。あらためて考えてみると一概に断定しがたい問題である。

理屈で押していって断定するのはできそうにないが、われわれは白地に黒字を書くということに慣れきっているから、われわれとしてはやはりそのほうが読みやすいのではないかと吉田先生。実際のところ、筆書きにせよ印刷物にせよ、たいていは白地に黒で、字の色が黒ではないことがあっても白地でないことはめったにないのだからというのがその理由である。

この吉田先生の説には友人も納得して賛成し、ひとまず決着がついた恰好になった。ところが二、三日たってふと考えてみると、二人とも教師なのである。毎日使っている黒板は黒地に白く書いていることをすっかり忘れていたと、吉田先生は愉快なオチを書き添えるのを忘れなかった。

エッセイを書く科学者として真っ先に念頭に浮かぶのは寺田寅彦先生である。寅彦先生の門下の中谷宇吉郎先生も師匠に劣らぬ卓抜なエッセイストである。数学の方面では『近世数学史談』の高木貞治先生と『春宵十話』の岡潔先生がいるが、ここに吉田先生を加えるとみごとな三幅対が形作られる。このたび『数学の影絵』がちくま学芸文庫に入って面目を一新することになった。新たな世代の読者の目に触れる機会が得られたことを喜びたいと思う。

本書は、一九八二年三月二五日、河出書房新社より発行された。

ちくま学芸文庫

数学の影絵

二〇二三年一月十日　第一刷発行

著者　吉田洋一（よしだ・よういち）

発行者　喜入冬子

発行所　株式会社　筑摩書房
東京都台東区蔵前二—五—三　〒一一一—八七五五
電話番号　〇三—五六八七—二六〇一（代表）

装幀者　安野光雅

印刷所　大日本法令印刷株式会社

製本所　株式会社積信堂

ISBN978-4-480-51162-1 C0141